表面分子印迹
纳米微球制备与性能

BIAOMIAN FENZI YINJI
NAMI WEIQIU DE
ZHIBEI YU XINGNENG

杜春保 胡小玲 著

U0231474

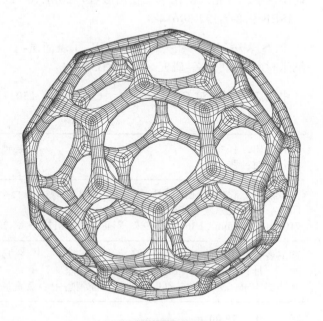

化学工业出版社

·北京·

内容简介

《表面分子印迹纳米微球的制备与性能》在介绍分子印迹技术和表面分子印迹技术发展的基础上，阐述了不同结构的纳米微球载体的制备方法，并对采用不同表面接枝技术所制备的表面分子印迹纳米微球的结构和相关分离识别性能进行了介绍。

《表面分子印迹纳米微球的制备与性能》可作为材料、化学等学科科研人员的参考用书，也可供高等院校相关专业学生学习参考。

图书在版编目（CIP）数据

表面分子印迹纳米微球的制备与性能 / 杜春保，
胡小玲著. —北京：化学工业出版社，2021.10（2022.6重印）
　ISBN 978-7-122-39614-3

　Ⅰ.①表… Ⅱ.①杜… ②胡… Ⅲ.①表面层-
纳米材料-材料制备-研究 Ⅳ.①TB383

　中国版本图书馆 CIP 数据核字（2021）第 150111 号

责任编辑：任睿婷　　　　　　　　　装帧设计：李子姮
责任校对：张雨彤

出版发行：化学工业出版社（北京市东城区青年湖南街 13 号　邮政编码 100011）
印　　装：北京建宏印刷有限公司
710mm×1000mm　1/16　印张 9¾　彩插 2　字数 173 千字　2022 年 6 月北京第 1 版第 2 次印刷

购书咨询：010-64518888　　　　　　售后服务：010-64518899
网　　址：http://www.cip.com.cn

在人体中存在众多具有活性的细胞和生物分子，它们是在一个巨大的组织环境中相互合作而工作着。如果没有这种高度有效的合作，生命将无法继续。因此，分子识别对于生命的延续是至关重要的。分子印迹技术（molecularly imprinted technique）是一种高选择性分离及分子识别技术，是集高分子设计、分子自组装、超分子化学等众多学科特长而发展起来的一门新型的边缘学科分支。分子印迹技术的研究历史已经长达 90 年之久，当前，分子印迹技术仍然是材料和化学领域研究的热点之一，尤其是以识别和分离生物分子的表面分子印迹纳米微球最为突出。国内外相关研究成果逐年增加，尤其是在近 20 年，众多研究成果发表在国内外学术期刊中。由此可见，一本包含表面分子印迹纳米微球的制备及性能方面的专著对于已经和试图从事该领域研究、生产的科研工作者是有益的。

本书内容主要是不同类型的表面分子印迹纳米微球的制备及性能。本书共分为 6 章。第 1 章简述了分子印迹技术的发展、分子印迹材料的制备方法及其性能的影响因素、分子印迹材料性能的研究方法，介绍了分子印迹纳米微球的优势以及以生物分子为模板分子的分子印迹技术的研究现状，并展望了该领域的研究所面临的机遇和挑战。第 2 章介绍了核壳表面分子印迹纳米微球的制备和性能。第 3 章介绍了多识别位点核壳表面分子印迹纳米微球的制备和性能。第 4 章介绍了树莓型核壳表面分子印迹纳米微球的制备和性能。第 5 章介绍了球形核壳表面分子印迹纳米微球的制备和性能。第 6 章介绍了一种磁性核壳表面分子印迹纳米微球的制备和性能。本书主要由杜春保编写，胡小玲参与了审定、校对工作，并为书稿中部分关键技术提供了素材。

本书各章末都列出了参考文献，可供读者对该领域的研究作延伸阅读。

本书获西安石油大学优秀学术著作出版基金资助，研究内容得到了国家自然科学基金项目（21174111，51433008，22002117）、陕西省自然科学基础研究计划（2021JQ-585）和陕西省教育厅专项科研计划（20JK0839）的支持。宋任远、郭龙霞、高绪勉等对本书部分内容作了辅助性工作，在此致以衷心的感谢。

由于著者学识有限，书中疏漏之处在所难免，恳请读者批评指正。

著者

2021 年 4 月

目录 ● ● ●

第 1 章

绪论

1.1 分子印迹技术概述

分子印迹也叫分子烙印，是在生物、化学、材料等学科的基础上发展起来的一门学科。分子印迹技术是以仿生学理论为基础制备具有识别性功能材料的一种技术。它主要是基于功能单体和印迹分子间较强或较弱的相互作用，在交联剂的作用下形成具有一定交联度和刚性结构的高分子材料，通过一些方法将模板分子洗脱去除形成具有孔穴的高分子微结构。

分子印迹的概念是由 M. V. Polyakov 于 1931 年首次提出的，即通过使用一种新型的合成手段来制备具有"不同寻常的吸附特性"的粒子[1]。这些"不同寻常的吸附特性"已经在大量的聚合物中体现，因此将这些聚合物定义为分子印迹聚合物，或分子印迹材料。分子印迹材料具有许多非常优异的性质，相比于其他类别的识别系统，分子印迹材料具有低成本、易合成、化学性质稳定及良好的可重复使用性等特点。

分子印迹技术是近年来集高分子设计、分子自组装、超分子化学等众多学科特长而发展起来的一门新型的分子识别技术，其目的是获得在形状、尺寸和功能基团上与模板分子相互匹配的分子印迹材料[2]。通过使用分子印迹技术，可以制备识别性能良好、结构稳定且应用范围广的分子印迹材料。如图 1-1 所示为近 90 年关于分子印迹科学的发表论文数目。分子印迹技术在许多科学研究领域，如生物传感、色谱分离和临床医药检测分析等中均得到了广泛的开发与研究，并有希望在环境监测、生物仿生、临床诊断和食品工业等行业形成具有产业化规模的应用[3,4]。

总而言之，分子印迹材料在众多基础研究和工程技术领域都备受关注。在近几十年的发展历程中，分子印迹材料作为特异性识别材料，尤其是针对生物分子的分离与识别，已被成功应用于固相萃取、色谱分离及化学传感等领域[5-10]，并已经逐步发展成为一门成熟的学科。

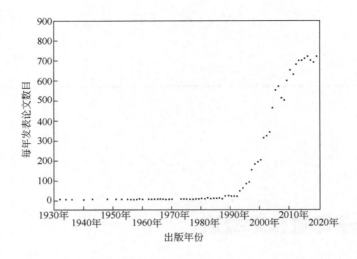

图 1-1

1931～2019 年关于分子印迹科学的发表论文数目

1.2 分子印迹材料的制备方法

　　分子印迹的基本原理可以形象地通过"锁匙"原理来阐述。图 1-2 为分子印迹的"锁匙"原理示意图。将所选的目标分子与功能单体溶解于合适的溶剂中，其中目标分子可与单体形成较强或较弱的相互作用。接着，在上述混合液中加入交联剂进行聚合，得到一个空间的三维网状结构，其中目标分子和功能单体以互补的方式分布在内。最后，通过物理或者物理和化学相结合的方式，将目标分子从聚合物中洗脱出来，得到的聚合物中留有与模板分子在功能基团、空间构型以及尺寸大小上相匹配的孔穴，从而对目标物及其类似物具有一定的识别性能，可将其应用于分离、分析与检测领域。

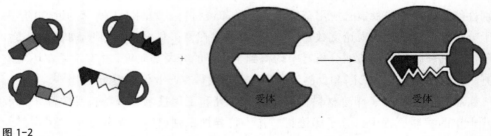

图 1-2

分子印迹的"锁匙"原理示意图

如图 1-3 所示为分子印迹材料的制备过程示意图。在模板分子存在的前提下，分子印迹材料可以通过功能单体和交联剂的共聚得到。在移除模板分子之后，在交联的高分子基质中就可以形成与模板分子在空间尺寸和化学性质上相匹配的印迹孔穴，而这些印迹孔穴就可以实现从混合溶液中选择性结合模板分子[11,12]。

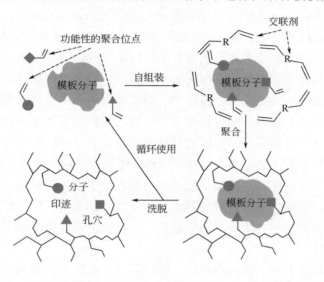

图 1-3

分子印迹材料的制备过程示意图

分子印迹技术的整个过程主要分为三个阶段。第一阶段，功能单体和模板分子之间通过可逆共价键、配位键或非共价键形成配合物。第二阶段，形成的单体-模板配合物进行聚合，使得配合物被冻结在聚合物的三维网络结构中。功能单体所衍生的功能基团则按与模板互补的方式拓扑地布置于三维网络结构中。第三阶段，将模板分子从聚合物中洗脱掉，于是在聚合物的网络结构中，原来由模板分子所占有的空间则形成了一个与模板分子的结构和化学位点相匹配的孔穴。在合适的条件下，这个遗留的孔穴可以非常好地"记住"模板分子的结构、尺寸以及其他的物理化学性质，并能通过再组装过程，有选择性地结合模板分子或模板分子的类似物。

在分子印迹的过程中，功能单体与模板分子在接触时可以形成多个作用位点，通过功能单体和交联剂进行聚合，功能单体的功能基团与模板分子之间的作用因此被记忆下来。将模板分子洗脱掉以后，所形成的聚合物中就具备了与模板分子在空间结构和多重作用位点上相匹配的印迹孔穴，而所形成的印迹孔穴对模板分子是具有特异识别性的。

当功能单体在溶剂中与模板分子相遇，它们之间就可以通过结合位点的多种相互作用以一种互补的有序状态排布起来，再通过功能单体和交联剂的聚合形成高分子网络体系，使得模板分子的结构在高分子体系中被记录下来，因此提供了一种模板分子的接受体。

目前，根据功能单体与模板分子之间所形成的作用力类型，将分子印迹的研究方法分为以下三种。一种是由 G. Wullff 提出的可逆共价印迹法[13]，另一种则是由 K. Mosbach 提出的非共价印迹法[14]，此外还包括由金属离子参与的配位印迹法。

在共价印迹中，功能单体与模板分子之间是以共价键结合的。常用的以共价键结合的物质包括酯、缩醛酮和席夫碱等。其中，具有代表性的为硼酸酯。它的优点是可以形成非常稳定的三角形结构，而在碱性溶液中，可以形成稳定的四角形结构。在聚合之后，共价键可以断开，从而将模板分子从印迹材料中移除。通过再结合目标分子，目标分子和印迹材料之间可以通过相同的共价键结合。由于共价键的高度稳定性，共价印迹过程可以形成更为均匀的分子识别位点。

遗憾的是，共价印迹法需要功能单体与模板分子之间形成稳定的共价键，因此缺乏灵活性。所以，共价印迹法对模板分子的选择非常有限。此外，共价键的作用力较强，从而使得共价键的断裂较慢，通过共价键实现的分子印迹不容易达到热力学平衡。

另外一种印迹方法为配位印迹法。配位印迹法是利用金属离子与生物或药物分子的螯合作用所具有的立体选择性来实现对目标分子的特异性识别，其结合过程和断裂过程均比较温和。此外，使用螯合作用可以达到对金属离子的良好选择吸附。目前，已实现对铜离子、镍离子和锌离子的选择吸附。在配位印迹中，最常用的功能单体是乙烯多胺和乙烯基咪唑。但是，将配位印迹用于具有特殊活性的生物分子时，由于金属离子具有毒性，会引起生物分子的变性，因此配位印迹法的应用存在很大的局限性。

相反，非共价印迹法不存在以上缺陷。非共价印迹法是功能单体的功能基团与模板分子的功能基团之间预先进行自组装，它们之间的作用形式是非共价键作用，然后再进行聚合，将这种作用保存起来。功能单体的功能基团与模板分子的功能基团是通过多种弱作用来结合的，例如氢键作用、静电相互作用、范德华作用及 π-π 堆叠作用等。在聚合结束并移除模板分子后，聚合物可以通过相同的非共价相互作用对模板分子进行再结合。因此，非共价印迹法极大地扩展了可用于印迹的模板分子的范围。除了以上优势，仅仅将模板分子和功能单体加入合适的溶剂中所体现出的简易的印迹过程也是非共价印迹一个十分突出的特点。基于以上优势，非共价印迹法在当前研究中是最为常用的分子印迹技术。

除以上三种方法外，还有一种共价作用与非共价作用复合的杂化方法。这种方法是非共价键与共价键并存的"牺牲空间法"。该项技术实际上结合了分子预组装和自组装方法。相比于单一的共价印迹或非共价印迹，这种方法在特殊目标分子和应用体系中具有一定的优势。

分子印迹材料的制备方法通常包括自由基聚合法和溶胶-凝胶法[15,16]。自由基聚合由于可供选择的单体和交联剂的范围较广，在分子印迹材料的制备过程中应用更为广泛。

本体聚合法是一种广泛且通用的制备分子印迹材料的自由基聚合法。本体聚合法具有众多优异的性质，如制备过程快捷，制备方法简单，不需复杂的设施和昂贵的设备，且所得到的分子印迹材料较为纯净[17]。然而，本体聚合法所得到的分子印迹材料为体积较大的块状聚合物，需经研磨并筛分得到合适尺寸的聚合物后才能使用，这个过程耗时，而且得到的分子印迹材料的产率较低。此外，在研磨过程中，会造成聚合物粒子的形状和尺寸不规则，并破坏一些特异性识别位点，从而降低了分子印迹材料对模板分子的识别效率。

为了克服本体聚合法存在的缺陷，各种制备分子印迹材料的方法层出不穷，如悬浮聚合法、乳液聚合法、种子溶胀聚合法和沉淀聚合法等。相比于本体聚合法，这些聚合法不需要经过后处理过程，因此可以得到更为均匀的识别位点。

将单体以小液滴状悬浮在分散介质中，通过小液滴中的自由基引发单体聚合，这种方法称为悬浮聚合法[18]。在使用悬浮聚合法制备分子印迹材料时，可通过一系列因素来控制分子印迹材料的粒径，如分散相和连续相的配比、搅拌速率及表面活性剂的用量等。通过悬浮聚合法得到的分子印迹材料的粒径为微米尺寸，且具有多分散性。此外，由于所使用的稳定剂或者表面活性剂的存在对功能单体的功能基团与模板分子的功能基团之间的结合产生了较大影响，从而导致制备的印迹材料对模板分子的识别能力不高。

乳液聚合法[19]是另外一种制备分子印迹材料的自由基聚合法。乳液聚合法的制备流程大致如下。首先，功能单体、交联剂和模板分子被溶解在非极性的溶液中，然后加入带有表面活性剂的水溶液，搅拌并使其乳化，随后通过加入引发剂引发聚合。通过乳液聚合所得到的分子印迹材料的产率较高，而且粒径较均一。乳液聚合法已经被成功应用于对蛋白质分子的印迹[20,21]。然而，由于乳化剂的存在，乳液聚合法所制备的分子印迹材料在结合模板分子时，会受到残留的乳化剂的影响。

种子溶胀聚合法[22]是以无皂乳液聚合法制备的纳米小球为种子，通过一定程度的溶胀后引发自由基聚合反应。种子溶胀聚合法可以得到粒径均匀的分子印迹材料，而且是在纳米微球的表面实现原位聚合。然而，种子溶胀聚合法的制备过程较为复杂，尤其是在第一步制备纳米小球时，其洗涤和处理过程较为耗时。

沉淀聚合法[23]是一种成本低，而且制备过程较简单的制备分子印迹材料的方法。对于传统的沉淀聚合法而言，其制备流程是功能单体、交联剂、模板分子和引发剂都被溶解在溶液中，在氮气保护下，通过热或光引发实现自由基聚合。沉淀聚合法所得到的分子印迹材料的表面较为干净，这在很大程度上减少了分子印迹材料的纯化步骤。然而，通过沉淀聚合法得到的分子印迹材料，较多的识别位点被包埋在颗粒的内部，而这些被包埋的位点不利于模板分子的进出，降低了分子印迹材料对模板分子的识别效率。

近年来，在总结众多分子印迹材料的制备方法的基础上，为了提高分子印迹材料对模板分子的识别效率，研究发展了表面印迹法，其分子识别位点仅仅位于材料的表面，在结合模板分子时，可以使得模板分子快速有效地到达结合位点，避免了印迹孔穴被包埋的现象，逐渐引起了众多学者的青睐[24]。此外，将表面分子印迹技术和沉淀聚合法相结合，已经成为了较为优异的制备分子印迹材料的方法。这种方法克服了常规的分子印迹方法所存在的传质阻力大及表面活性剂不易被洗脱的难题，可以极大地提高分子印迹材料对模板分子的传质效率，使分子印迹材料具有良好的特异识别性能。

1.3　分子印迹材料性能的影响因素

（1）功能单体

各种不同的聚合反应（包括自由基聚合、阴离子聚合、阳离子聚合以及缩合反应等）都可用于分子印迹中。在不同的聚合方法中，自由基聚合是应用最为广泛的，这是由于它操作方便。一般情况下功能单体需要具备以下两个条件：①含有双键，这样可以保证其参与聚合而被固定形成结合位点；②具有可以与模板分子之间形成相互作用的功能基团。最常用的功能单体包括丙烯酸、甲基丙烯酸、甲基丙烯酸羟乙酯、乙烯基吡啶以及丙烯酰胺等。另外，N-异丙基丙烯酰胺常作为制备温敏性分子印迹材料的一种单体，其同时也可以作为常用的疏水单体存在。功能单体主要分为：氢键作用单体、疏水单体、静电相互作用单体以及带正电的单体。一些商品单体经常都加有阻聚剂或稳定剂（如氢醌和苯酚），因而在使用前需要进行重新蒸馏。对于水相印迹而言，可选择的单体十分有限，因而开发新的功能单体对于分子印迹技术的发展也十分重要。

（2）交联剂

交联剂的作用是使聚合物形成交联网状结构从而具有一定的刚性，以保证印迹孔穴的稳定。分子印迹领域使用最广泛的交联剂是油溶性的二乙基丙烯酸乙二醇酯。除此之外，还有三元交联剂三甲基丙烯酸三羟甲基丙酯。另外，水相印迹中最常用的单体是亲水性单体 N,N'-亚甲基双丙烯酰胺，常用于多肽或者蛋白质等生物分子的印迹中。

（3）溶剂

溶剂在印迹过程中扮演着十分重要的作用。溶剂担当着使所有聚合单体成为均相的角色，并且其对合成材料的性质（孔尺寸和孔径分布）以及外观有重要的影响。在非共价印迹中，致孔剂的选择强烈地影响着预聚体体系中模板-功能单体复合物的稳定性。通常，许多小分子的印迹都是在有机相中进行的，但对于生物分子，印迹则更多地在水相中进行。近年来，分子印迹领域最主要的挑战之一就是在水溶液中制备具有良好识别特性的分子印迹材料，同时为水溶性分子的分析开发基于水相的印迹方法，尤其是用于生物分子（多肽、蛋白质）的印迹。

（4）引发剂

分子印迹材料的制备通常使用热引发或者光化学引发的方式。引发反应通常包含三个基本的步骤：链引发、链增长和链终止。第一步中自由基的产生通常是由引发剂的分解完成的；增加引发剂的浓度会导致更快的聚合速率，但同时也会造成聚合物的分子量较低。分子印迹领域常用的引发剂包括偶氮类化合物、过氧化物、氧化还原体系和光引发剂。过氧化物引发剂可用于有机相以及水相中，但其最广泛的应用是在水相印迹中。偶氮类化合物尤其适合本体聚合和成珠聚合法。过氧化物氧化还原体系常用于水相低温条件下的印迹。可光解的化合物产生自由基的方式有两种：一种是光引发剂本身吸收光并且分解产生自由基；另一种是光引发剂本身不吸收光，但加入感光剂去吸收光并且传递能量从而引发聚合。光引发聚合仅限于薄层，因此其对于制备分子印迹微结构十分有利。过硫酸铵常与四甲基乙二胺组成氧化还原体系的引发剂且可在室温下引发聚合，这为无法在高温下进行的反应提供了一种很好的选择。

（5）洗脱

模板分子的洗脱是制备分子印迹材料的关键步骤，因为印迹位点只有在模板分子完全洗脱之后才能够显露出来，并使分子印迹材料的性能得到充分的展示。印迹位点对模板分子的亲和性、模板分子在洗脱液中的不充分溶解以及印迹材料的交联网状结构都使得模板分子的洗脱成为一件困难的任务。模板分子的洗脱是至关重要的，如果模板洗脱不完全，则会导致印迹效率大大降低，如果模板分子的泄漏发生在分析应用时，情况会更糟。因此在考虑分子印迹材料的性能时，模板分子的洗脱必须得到足够的重视。洗脱模板分子最传统的方法是将分子印迹材料不连续浸（孵化）在有机溶剂或盐的溶液中，以及使用索氏提取器进行连续提取。新技术不断被开发以提高洗脱效率、缩短洗脱时间甚至使得洗脱过程对聚合物产生的破坏更小。目前开发的洗脱方法还有物理辅助提取，这种方法包括超声辅助提取、微波辅助提取和高压液体提取；另外，索氏提取、亚临界或超临界溶剂也被应用到模板洗脱中，它包括亚临界水和超临界二氧化碳萃取。需要注意的是，分子印迹材料也需要进行处理，以保证分子印迹材料与非印迹材料的制备过程除了未添加模板之外没有其他区别。

1.4 分子印迹材料性能的研究方法

（1）物理性能表征

分子印迹材料的物理结构和稳定性对吸附性能有重要的影响，其表征方法与其他多孔吸附材料的表征方法相类似，主要有扫描电子显微镜、透射电子显微镜、原子力显微镜、氮气吸附-脱附、热重分析等。如扫描电子显微镜可以直观地反映材料的物理形貌与孔隙结构，反向排阻色谱分离法[25]可反映材料被溶剂浸湿的条件下的孔隙结构，研究人员可据此推测其对吸附性能的影响，并优化试验方法。通过氮气吸附-脱附模型可以量化所得材料的孔径大小、比表面积等参数。

（2）化学结构表征

对化学结构的表征方法主要有傅里叶变换红外光谱、X 射线光电子能谱、核磁共振波谱、X 射线衍射和拉曼光谱。傅里叶变换红外光谱不仅可以表征分子印迹材料中的特征官能团，还可以表征模板分子与分子印迹材料之间的非共价相互作用。当氨基、羟基、羰基和羧基等与氢键受体或供体产生相互作用时，此类官能团的红外吸收峰会出现相应的红移。通过 X 射线光电子能谱进行元素分析可以确定分子印迹材料中各元素的含量，可据此计算三维网状结构中各个功能基团的数量，有效指导合成与识别过程。例如，C. Malitesta 等[26]采用 X 射线光电子能谱对分子印迹膜进行表征，证明了分子印迹膜中模板的残留数量和模板的洗脱效果。杨俊等[27]也采用 X 射线光电子能谱研究了可天宁与甲基丙烯酸之间的非共价相互作用，证实了吡啶上的氧原子是质子的主要受体。

（3）吸附与识别性能

在分离实际样品之前，对分子印迹材料的印迹效果与分子识别能力进行表征是必要的，静态或动态平衡吸附实验和色谱分析是评价分子印迹材料相对高效和准确的方法。静态平衡吸附实验是在一定温度下，根据吸附达到平衡时，溶液中目标分子浓度的变化来计算饱和吸附量、印迹因子等，并绘制吸附等温线。可将等温吸附数据进行 Langmuir[28]、Freundlich[29]或 Scatchard[30]分析，来计算分子印迹材料对目标分子的结合常数、结合位点的类型、结合位点的数量与分布等。借助此类模型可以定量分析分子印迹材料的亲和分布，得到十分详细的结合位点分布图，以此来辅助分析分子印迹材料分离性能与结合位点的关系。不同形态和应用于不同研究领域的分子印迹材料，对其的表征参数和表征方法也有所不同，例如，在分子印迹传感器领域，主要表征光学参数和质量参数。固相萃取和高效液相色谱是评价分子印迹的选择性较为准确的方法。分子印迹固相萃取主要是评价分子印迹材料对实际样品的富集与分离能力,有很强的实用性。例如, I. Ferrer等[31]用分子印迹固相萃取首次从地下水和沉积物样品中分离了氯三嗪,该分子印迹固相萃取对目标分子的回收率能达到80%。色谱评价主要通过获得印迹因子、保留时间、容量因子以及分离因子等参数来评价当流动相组成不同时分子印迹固相萃取对模板分子的识别能力。

1.5 分子印迹材料的应用

关于分子印迹材料的最早研究主要是对有机小分子和药物分子的识别与分离。目前,该技术已经相当成熟。例如,通过选择不同的功能单体和聚合体系已经实现对安定、本达隆、茶碱、胆固醇、心得安和莠去净等有机药物分子的识别与分离[32-36]。此外,众多关于分子印迹材料的研究也集中在对氨基酸的识别与分离,如 L-谷氨酰胺、D-或 L-苯丙氨酸、Z-L-丙氨酸、Z-D-天冬氨酸、Z-D-或 L-谷氨酸、N-乙酰基-L-色氨酸、D-或 L-色氨酸-OMe[37-43]等。

尽管目前关于分子印迹的基本概念已经实现,同时一些分子印迹材料已经得到了实际应用,但这一技术仍处于发展之中。对于一种特定的目标分子而言,从对具有埃米尺寸的小分子,扩充到对具有纳米尺寸的复杂分子的新策略和概念也已经得到了发展。

为了拓宽分子印迹技术的应用领域,近年来,关于生物大分子的印迹已经成为了众多学者的研究目标,如牛血清白蛋白、牛血红白蛋白、溶菌酶和细胞色素C 等。

“分子印迹”为一个综合性的概念,在制备分子印迹材料时易于操作,因此可以产生许多范围较宽和通用的应用策略。

1.6 分子印迹微球的制备

目前,传统分子印迹材料多是采用本体聚合法进行制备的,得到的块状聚合物需经研磨、筛分后才能使用,不仅处理过程烦琐,而且识别效率较低。相比之下,具有球形结构的分子印迹微球具有单分散性好、识别效率高、便于功能设计等优点,引起了人们的广泛关注。根据聚合方式主要可分为沉淀聚合[44-47]、悬浮聚合[48-51]、乳液聚合[52,53]、表面引发聚合[54-57]等。

(1)悬浮聚合法

单体以小液滴状悬浮在分散介质中的聚合反应称为悬浮聚合法。在制备分子印迹微球（MIPs）的过程中，可通过改变分散相（油相）和连续相（水相）的比例、搅拌速度、表面活性剂的含量等参数对 MIPs 的粒径进行调控。L. Zhang 等[58]利用改进的悬浮聚合法制备了以酪氨酸为模板分子的分子印迹微球，并应用于固相萃取分析，结果表明该方法所制得的分子印迹微球具有优良的选择识别性。H. Khan 等[59-61]也采用类似方法制备了分别以 D-苯丙氨酸、L-苯丙氨酸、普（S）-萘洛尔盐酸盐为模板分子的分子印迹微球，并进行了相关表征及选择识别性能的测试，该分子印迹微球为微米级别，对模板分子均表现出较高的选择识别性。

悬浮聚合法可以直接制备分子印迹微球，解决了印迹材料需要研磨筛分的问题。但最终得到的产物仍为高交联的聚合物，其识别位点的可接触性及模板分子的传质速率还不能令人满意。

（2）沉淀聚合法

沉淀聚合法是一种操作过程简单、成本低、印迹效率高的制备分子印迹微球的方法。该方法制备过程与本体聚合体系十分类似，只是在印迹聚合过程中使用的分散相的量有所不同。其制备过程为：将一定配比的模板分子、功能单体及交联剂溶于大量的有机溶剂中，分散均匀后，加入一定量的引发剂，在高纯氮气保护下，通过加热或紫外光照进行聚合。L. Ye 等[62]分别以茶碱和 17-β-雌二醇为模板，采用该方法成功制备了粒径均匀的分子印迹微球，并将其用于放射性配体结合免疫分析，结果表明采用该方法所得到的分子印迹微球的特异识别性能优于本体聚合所制备的块状印迹材料。

采用沉淀聚合法制备分子印迹微球，在反应体系中不用加入稳定剂，因此得到的分子印迹颗粒表面较为干净，这极大地减少了纯化的步骤，从而减少了由这些处理步骤所引起的聚合物损失。但是该制备方法仍然存在一定的缺点，如得到的聚合物产率偏低；另外，识别位点也有可能分布在聚合物微球的内部，这不利于模板分子的传质，降低了印迹效率。

（3）乳液聚合法

乳液聚合法是另一种制备分子印迹微球的方法。首先将一定配比的模板分子、功能单体及交联剂溶于非极性有机溶剂中，随后加入含有表面活性剂的水溶液中，通过搅拌使其乳化，然后加入引发剂交联聚合，可获得具有纳米尺寸的分子印迹微球。采用该方法制备的分子印迹微球，其粒径分布通常在 50～500nm，不适合在色谱分离中应用。然而，其比表面积较高，具有较强的吸附能力，因此常被用于以金属离子为模板分子的分子印迹微球的制备。K. Uezu 等[63]报道了一种使用水/油/水乳液体系制备微球的方法。该聚合体系由带有功能基团的单体、乳化剂、共聚单体等组成。这种功能性单体是一种两性物质，既能与模板分子在乳液界面上形成复合物，又能与乳化剂相配合保持整个乳液体系的稳定。他们采用以两个长链烷基为疏水端的二烯基膦酸为单体，二乙基苯为交联剂，制备了粒径均匀的以锌离子为模板分子的分子印迹微球，其平均粒径可控制在 10～100nm 范围之内，因而这种方法具有极高的工业应用价值。此外，该方法最成功之处就是可以印迹水溶性的模板分子。

1.7　表面分子印迹微球的制备

表面分子印迹方法是将分子印迹技术（MIT）获得的分子识别体系建立在基质材料表面的方法，其制备方法如图 1-4 所示。这种方法制备的分子印迹材料的识别位点均匀分布在印迹材料表面，可有效地克服传统分子印迹技术中印迹孔穴包埋过深和目标分子洗脱困难等难题，极大地提高了目标分子的印迹效率和传质速率，具有较高的选择识别性。

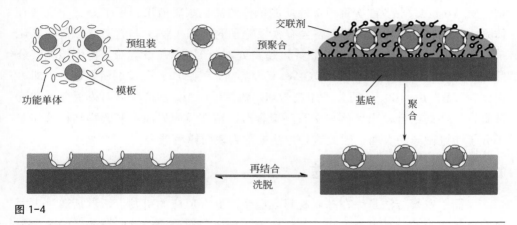

图 1-4

表面分子印迹过程及印迹机理示意图

1.7.1　种子溶胀聚合法

种子溶胀聚合过程中，首先采用无皂乳液聚合法制备颗粒较小的分子印迹微球，然后以此球为种子，进行一定程度溶胀后引发聚合反应，得到单分散性较好的分子印迹微球。这种制备方法最大的优点在于聚合环境为水相溶液，这就使得由此法合成的分子印迹微球可在极性环境中进行氨基酸及多肽等生物分子的识别。

制备表面具有亲水性的分子印迹微球，可更好地实现极性模板在生物环境中的识别。在制备的过程中，一方面可以使用亲水性功能单体；另一方面也可以在分子印迹微球表面进行亲水改性，或者包裹一层亲水聚合物交联层[64]。近年来糖基聚合物由于其出色的亲水性和生物相容性受到极大关注[65]，K. Hua 等[66]首次将一种含糖单体作为分子印迹微球的亲水改性剂，以聚苯乙烯微球为种子，采用两步溶胀聚合法制备了表面含有亲水糖基的镇静安眠剂分子印迹微球，具有较高的选择识别性能。这种制备方法虽然印迹效果很不错，但其制备周期长、操作过程烦琐等缺点使其还没有得到广泛的应用。

1.7.2　表面模板聚合法

表面模板聚合法主要是指以可聚合表面活性剂为功能单体和乳化剂，通过乳液聚合的方式完成表面分子印迹微球制备的方法。N. Pérez 等[67]利用交联的聚苯乙烯微球为载体，以 12-（4-乙烯基甲酸苄酯）吡啶十二烷硫酸盐和 12-（胆固醇氧羰基醚）吡啶十二烷硫酸盐为乳化剂，同时作为功能单体，制备了具有核壳结构的表面分子印迹微球，除去模板分子后留下的疏水空腔可用于胆固醇分子的识别。M. Yoshida 等[68]首次将两亲性功能单体的油包水乳液聚合用于分子印迹聚合体系中，其制备过程为：首先将含有模板分子的水相（W_1）与含有交联剂、乳化剂、功能单体的油相（O）混合，经过超声处理后形成 W_1/O 乳液，再将该乳液分散在外部水相（W_2）中形成 $W_1/O/W_2$ 复合乳液，最后加入引发剂引发聚合，即可得到粒径在 $10\sim100\mu m$ 的分子印迹微球。制备过程中，功能单体与模板分子在乳液聚合界面处结合，当单体与交联剂聚合后，留在反应界面的复合物结构就印在了分子印迹微球的表面，因此这种方法被称为表面模板聚合。

1.7.3　表面引发聚合法

表面引发聚合法是先在基质材料表面生成聚合反应的引发点，然后通过表面引发单体聚合的一种聚合方法。与传统方法相比，原位聚合时低分子量的单体很容易靠近表面活性引发点和增长链的链端，在聚合过程中只有单体与增长链发生反应，不存在明显的扩散阻碍现象，因而通过表面引发聚合形成的聚合物链具有接枝密度高、分布均匀、表面覆盖率高等显著优点。当采用表面引发"活性"自由聚合时，可通过改变聚合时间和反应条件，较容易地控制聚合物膜的厚度。此外，锚固在聚合物表面上的"活性"引发点，可以再次引发接枝聚合形成嵌段共聚物层，方便实现基质材料表面多种聚合物的交替，因此制备具有不同性质的表面，容易实现表面的功能化修饰。

表面引发自由基聚合反应一般可在加热或紫外光照条件下进行。C. Sulitzky 等[69]通过共价化学反应或非共价物理吸附作用将偶氮引发剂偶合到多孔硅胶表面，实现了功能单体和交联剂的自由基聚合反应，在硅胶材料表面接枝了一层超薄的分子印迹层，并用于高效液相色谱固定相。相对于采用"接枝"方法所制备的表面分子印迹微球，该印迹材料对模板分子具有较长的保留时间，表现出更高的选择识别能力。

M. Shamsipur 等[70]采用化学修饰的方法将偶氮型引发剂固化到硅胶球表面，紫外光照条件下，在硅胶材料表面制备了以铀酰离子为模板分子的分子印迹微球，在铀酰离子浓度较低的水环境中对模板分子具有较高的选择性富集和分离能力，并且在使用三个月后，对铀酰离子仍然具有较高的选择识别能力。但是此类引发剂受热或光照分解后会产生非键合自由基，这种自由基将会引发功能单体和交联剂在溶液中的聚合反应，甚至链转移反应，致使大量非键合自由基聚合物链形成，导致基质材料表面的分子识别层的厚度难以精确控制。

可控/"活性"自由基聚合近年来得到了突飞猛进的发展，表面引发可控/"活性"自由基聚合法也随之成为高分子材料研究领域的热点，尤其是众多表面印迹材料采用这个方法设计且制备出来，并进行了识别性能的研究。这种可控/"活性"自由基聚合法是一种热力学可控过程，它具有可忽略的终止反应和缓慢的增长速度，在制备表面分子印迹微球方面有重要作用。通常表面引发可控/"活性"自由基聚合的方法包括表面原子转移自由基聚合、表面引发-转移-终止剂法和表面可逆加成-断裂链转移聚合。目前，这些方法均被引入分子印迹技术领域，并取得了较好的印迹效果。

表面分子印迹微球对模板分子的识别过程主要依靠印迹孔穴的形状及识别位点与模板分子的分子尺寸及结合位点高度匹配，这种精准的印迹孔穴与识别位点是由聚合物的交联网状结构形成的，由此可以看出，表面分子印迹微球对交联网络的结构和均匀性是具有一定特殊要求的。在合成表面分子印迹微球的过程中易受扩散控制而出现严重的自动加速现象，致使增长链与聚合单体的反应速率加快，使得初级聚合物链容易与悬挂双键进行快速的加成反应，导致大量的分子内环交联和微凝胶现象的发生，使得最终形成的表面分子印迹微球存在大量不均匀的网状交联结构。因此，寻找一种合适的聚合方法对聚合物的交联网状结构进行精准控制是十分必要的。

采用可控/"活性"自由基聚合法进行聚合可以获得具有均匀交联网状结构的表面分子印迹微球。这主要是由于在可控/"活性"自由基聚合过程中，增长链与休眠链之间可以形成一个可逆平衡，使得链增长的速率减缓。这种情况下，增长链与悬挂的双键在聚合过程中有充分的时间进行松弛，使得增长链之间发生分子间聚合形成均匀交联网状结构的概率上升，而增长链内发生分子内环化反应形成微凝胶的概率降低。最近一段时间以来，已经有一些研究小组开始使用可控/"活性"自由基聚合法来制备具有均匀交联网状结构的表面分子印迹微球。到目前为止，部分可控/"活性"自由基聚合法已被应用于分子印迹领域。

（1）原子转移自由基聚合

1995年，J. S. Wang等[71]首次报道了原子转移自由基聚合法，该方法以有机卤化物为引发剂，过渡金属络合物为卤原子载体，利用氧化还原反应，在活性种与休眠种之间建立可逆的动态平衡，从而实现了对聚合物分子量及分子结构的精确控制。X. Wei等[72]首次将原子转移自由基聚合法用于分子印迹技术领域。他们利用原子转移自由基聚合法在金基质表面接枝了一层厚度小于10nm的分子印迹膜。这种超薄的分子印迹膜对目标分子表现出较高的选择识别特性。此后，还报道了采用类似的聚合方法制备了具有纳米尺寸的分子印迹膜[73]，并采用表面等离子体共振光谱对其识别性能进行了详细研究。

B. Zu等[74]首次采用原子转移自由基聚合沉淀技术制备了具有单分散特性的表面分子印迹微球，其粒径约为3μm。吸附实验表明该表面分子印迹微球对模板分子具有良好的选择识别性。相比之下，采用原子转移自由基聚合技术制备的块状分子印迹材料却对模板分子表现出较低的吸附性能及结合常数[75]。分析最终失败的原因是在原子转移自由基聚合的过程中凝胶化时间太短，严重影响了原子转移自由基聚合的动力学平衡过程，从而导致聚合物链结构发生很大变化。此外，他们还对原子转移自由基聚合法制备的不同模板分子的块状分子印迹材料的吸附性能进行了研究，其吸附性能测试均出现了相同的实验结果，表明原子转移自由基聚合技术不适合制备高性能的块状分子印迹材料。如图1-5所示，

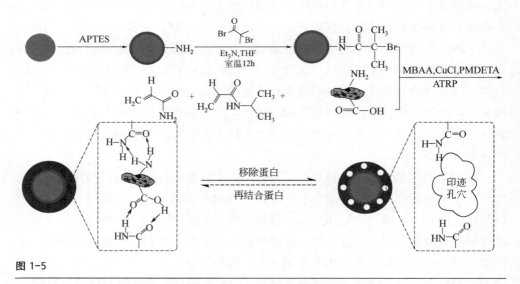

图 1-5

采用原子转移自由基聚合法制备超顺磁性表面分子印迹微球的原理

APTES—3-氨丙基三乙氧基硅烷；MBA—N,N'-亚甲基双丙烯酰胺；PMDETA—五甲基二乙烯三胺；ATRP—原子转移自由基聚合法

Q. Q. Gai 等[76]在 Fe$_3$O$_4$ 微粒表面自组装引入含有溴端基的引发点，局部引发原子转移自由基聚合反应制备了以溶菌酶为模板分子的具有超顺磁性的表面分子印迹微球，用于蛋白混合溶液中溶菌酶的富集及分析，显示了较高的回收率和极低的检测限。

（2）可逆加成-断裂链转移自由基聚合

可逆加成-断裂链转移自由基聚合法是发现最晚但发展最为迅速的一种可控/"活性"自由基聚合技术[77]。可逆加成-断裂链转移自由基聚合法与其他方法存在较大差异，不是通过增长自由基与特殊化合物的可逆终止来控制聚合体系中的自由基浓度，而是通过增长自由基与具有特定结构的链转移剂（RAFT 试剂，通常为三硫酯类化合物）的可逆链转移来实现对自由基浓度的控制，从而实现对聚合反应的精确控制。

可逆加成-断裂链转移自由基聚合法作为最具工业潜力的可控/"活性"自由基聚合技术，Z. X. Du 等[78]首次在氯代交联苯乙烯微球表面，通过格氏试剂将 RAFT 试剂引入微球表面，然后在氯球表面进行可逆加成-断裂链转移自由基聚合，成功制备了以苯丙氨酸为模板分子的表面分子印迹微球。该表面分子印迹微球达到平衡的吸附时间约为 80min，饱和吸附量为 0.296mmol·L^{-1}。经洗脱后不仅可以反复使用，具有优良的再生能力，而且作为色谱固定相，可以成功分离模板分子的手性对映异构体。B. Sellergren 等[79]通过可逆加成-断裂链转移自由基聚合反应，在表面修饰了 4,4-偶氮-2(4-氰基-戊酸)的介孔二氧化硅表面接枝了以 L-苯基丙氨酸苯胺为模板分子的表面印迹微球。该表面分子印迹微球作为一种具有高选择性的手性固定相，可以在较短时间内实现印迹分子外消旋体和结构类似物外消旋体的基线分离。此外，该课题组[80]还在多孔硅、凝胶型和大孔树脂表面采用可逆加成-断裂链转移自由基聚合技术嫁接分子印迹层，发现接枝量随着聚合时间、终止剂的量和单体浓度的增大而增加。

Y. Li 等[81]成功地利用可逆加成-断裂链转移自由基聚合技术在 SiO$_2$ 的表面接枝茶碱印迹材料。首先将 RAFT 试剂锚接在 SiO$_2$ 的表面，得到 RAFT 试剂修饰的 SiO$_2$，然后以其作为链转移剂制备了具有核壳结构的表面分子印迹微球。这种印迹材料对血浆中的茶碱分子进行浓缩，其浓缩效果可高达 90%。如图 1-6 所示，B. Zeng 等[82]利用可逆加成-断裂链转移自由基沉淀聚合法和点击化学结合的方法在纳米金颗粒表面成功制备了一层超薄的具有亲水性的分子印迹膜。首先通过点击化学反应将 RAFT 活性引发基团固定在纳米金颗粒表面，然后利用表面引发可逆加成-断裂链转移自由基聚合制备出具有核壳结构的表面分子印迹微球。将制得的表面分子印迹微球固定在功能化石墨烯玻碳电极上，用于杀螟硫磷的识别检测，峰电流的线性响应范围为 0.01~0.5μmol·L^{-1}，灵敏度为 6.1μA·μmol^{-1}·L·mm^{-2}，检测限为 8nm，表现出了极高的灵敏度，较高的重现性及稳定性。

可逆加成-断裂链转移自由基聚合法最大的优点是不需要使用昂贵的试剂，也不会残存过渡金属离子、联吡啶等杂质。可逆加成-断裂链转移自由基聚合过程的聚合方法多样，已经实现了本体聚合、溶液聚合、乳液聚合和悬浮聚合等多种工艺。然而，RAFT 试剂需要经过多步的有机合成，制备过程烦琐，而且存在聚合物纯化的问题；双硫酯衍生物可能会使聚合物的毒性增加，也可能使聚合物带有一定的颜色和刺激性气味。

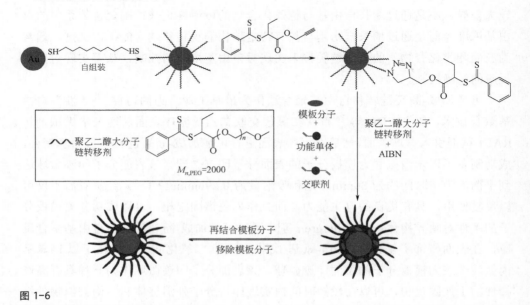

图 1-6

RAFT 沉淀聚合法制备表面分子印迹微球
AIBN—偶氮二异丁腈

（3）氮氧稳定自由基聚合

氮氧稳定自由基聚合法是由 M. K. Georges 等[83]于 1993 年提出的，主要是在反应聚合体系引入了稳定的氮氧自由基化合物。在聚合过程中，引发剂在加热或光照作用下，分解形成初级自由基，初级自由基与单体结合形成单体自由基，单体自由基捕捉到稳定氮氧自由基形成休眠种。休眠种的形成为可逆过程，它可继续均裂成"活性"自由基和稳定氮氧自由基，"活性"自由基可继续引发聚合。由此可知，休眠种的形成控制了体系中"活性"自由基的浓度，抑制了双基终止或链转移反应的发生，赋予了该聚合体系"活性"聚合的特征。

目前关于利用氮氧稳定自由基聚合法制备表面分子印迹微球的报道较少。L. Ye 等[84]在高温条件下，以半共价键方式通过氮氧稳定自由基聚合法制备了以胆固醇为模板分子的表面分子印迹微球。氮氧稳定自由基聚合法的"活性"聚合机制改善了表面分子印迹微球的分子链结构，从而提高了对胆固醇分子的吸附性能，表现出了很高的选择识别性。但令人遗憾的是，在印迹聚合过程中采用高温聚合的方式，极大地限制了非共价键作用的表面分子印迹微球的制备。

（4）引发转移终止剂自由基聚合

引发转移终止剂自由基聚合法应用一种特殊的自由基引发剂，将链引发、链转移和链终止三种功能合为一体。引发转移终止剂自由基聚合一般含有 S—S 或 S—C 弱键，经紫外光照射分解成一个"活性"自由基和一个"惰性"自由基，"活性"自由基可以引发单体聚合，而"惰性"自由基主要参与链终止和链转移反应。

近年来，引发转移终止剂自由基聚合法在分子印迹技术领域出现了很多应用[85,86]。F. Barahona 等[87]采用引发转移终止剂自由基聚合法在硅胶球表面成功地制备了具有核壳结构的表面分子印迹微球，并对其识别性能进行了详细研究，结果表明该表面分子印迹微球在较短时间内即可达到吸附平衡，具有较快的吸附速率，同时表现出了较高的选择识别性。

1.8 表面分子印迹纳米微球的优点

分子印迹材料的本质是为了实现其应用价值。分子印迹材料在对特定目标分子的纯化和分离领域中的应用正引起人们越来越多的关注，呈现出它独有的优越性。有关分子印迹材料的应用研究工作也取得了显著的成果，并受到国内外学者们的广泛关注，但同时也面临着一些难题。目前，分子印迹技术具有较大的优势以及广泛的应用背景，但是仍然存在一些难题亟待解决，如模板泄漏、水相容性差、吸附量低及传质速率慢等。

针对传统方法制备的分子印迹材料难以同时满足良好的物理特性和亲和特性，有学者提出表面印迹法。表面分子印迹[88,89]，简言之就是采取一些措施使几乎所有的结合位点都分布在良好可接近的表面上，从而有利于印迹分子的脱除和再结合。目前，印迹分子也逐渐由生物小分子转向生物大分子[90]。在一般方法制备的印迹材料中，由于生物大分子体积较大以及结构复杂等特点，在使用时存在不容易被洗脱下来的问题。另外，印迹分子和功能单体以及交联剂形成的是三维网状结构，生物大分子不容易进入印迹孔穴中，再结合速度慢，因此该方法尤其适用于对生物大分子的印迹和识别的研究中。

表面分子印迹微球是一种形状和结构特殊的分子印迹材料，其整体结构为球形结构。相比于其他分子印迹材料，如分子印迹薄膜和无规则分子印迹材料，表面分子印迹微球具有比表面积大、识别位点多等优势。表面分子印迹微球通常是在球形载体表面修饰聚合一层分子印迹材料。由于球形载体表面的分子印迹材料的厚度具有可控性，其薄薄的一层结构易于分子的传质和识别。近年来，众多研究者已经成功地将分子印迹技术应用于对药物分子、糖类分子和氨基酸类分子的识别与分离，但对于较大的生物分子的识别与分离，如蛋白质、多肽和核酸等，这是分子印迹技术所面临的最大困难。利用分子印迹技术实现对生物分子的识别与分离，一直以来都是分子印迹领域所存在的科学难题，主要因为多肽、蛋白质、核酸及 DNA 等生物大分子具有空间结构复杂、体积较大和性质脆弱等特点。然而表面分子印迹微球的出现从根本上解决了上述难题。生物分子的体积较大，构象灵活，表面分子印迹微球表面的印迹孔穴与模板分子相应的结合位点不易于匹配，从而可以增强分子印迹材料与模板分子的亲和力，提高分子印迹材料的选择识别能力。此外，生物分子的体积较大，相比于其他类型的分子印迹材料，表面分子印迹微球在洗脱过程中容易被彻底洗脱，对于再识别性能具有极大的优势。

1.9 生物分子印迹的研究现状

在过去的十几年，许多研究团队对生物分子的印迹进行了研究，提出了许多印迹策略，如设计新型功能单体、表面印迹、抗原决定基印迹等。这些方法都是围绕生物分子的传质困难、结构复杂和易失活的问题设计出来的。图 1-7 所示为关于生物分子印迹科学的发表论文数目。

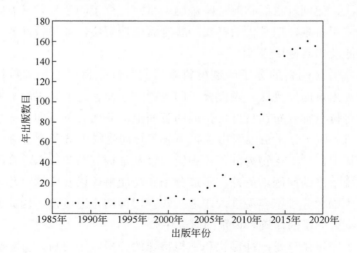

图 1-7

关于生物分子印迹科学的发表论文数目

（1）新型功能单体的设计与应用

文献中报道的生物分子印迹，大多数都是以丙烯酰胺为功能单体、N,N'-亚甲基双丙烯酰胺为交联剂。还有几个常用功能单体是甲基丙烯酸羟乙酯、甲基丙烯酸、丙烯酸、N-异丙基丙烯酰胺、3-氨基苯硼酸。然而基于生物分子自身的性质，传统的功能单体具有很大的局限性。钱立伟[91]的研究表明在常用功能单体存在下，蛋白质的二级结构会发生变化，这就不利于蛋白质的精确印迹。此外，考虑到模板与单体相互作用有较强的溶剂依赖性，小分子印迹基本都在有机溶剂中进行，而蛋白质是水溶性的，且有机溶剂容易使蛋白质变性，溶剂只能选择水溶液，但是水有很强的溶剂化作用，会干扰功能单体与模板蛋白之间的相互作用，尤其是氢键，得到的印迹材料特异性和吸附量都较差，故影响印迹效果。最后，传统的功能单体只能提供单一的相互作用，对于结构复杂的蛋白质印迹，亲和力与选择性相对较低。选择和设计一种能与模板分子形成多重相互作用位点和具有高亲和力功能基团的功能单体对于提高其选择识别性是有利的，尤其对于蛋白质的印迹，H. R. Culver 等[92]也提出了这样的概念，并强调了功能单体的选择和设计对于分子印迹材料优先结合模板蛋白质而不是溶菌酶的重要性。

因此设计新型功能单体，不仅能稳定生物分子的结构，还有利于水环境下的生物分子印迹，即能在水相提供多重作用位点，且与生物分子形成较强的相互作用，是发展生物分子印迹的重要策略之一。钱立伟等[93]设计了对蛋白质结构具有稳定性的离子液体功能单体，氯化 1-乙烯基-3-甲酰甲基咪唑和离子液体大分子链，分别制备了牛血清和溶菌酶为模板分子的分子印迹材料，并对其稳定机理进行了研究。近年来，以金属配位单体[94]、离子液体[95]和天然高分子环糊精[96]作为功能单体的研究不断报道，这些单体在水环境下能提供较强的相互作用，如金属配位、静电相互作用、疏水相互作用，而不受水的溶剂化作用干扰，能得到较为稳定的单体-模板复合物，这对于制备高选择性和高亲和力的蛋白质印迹材料是非常有用的。

（2）表面印迹技术在生物分子印迹中的应用

为了解决生物分子传质的问题，研究人员通过在基质表面制备一层薄的印迹壳层，即表面印迹技术，使得结合位点暴露在印迹壳层的表面或接近聚合物的表面，更加有利于模板分子的接近，有效避免了模板分子包埋过深、不易洗脱、印迹位点无法利用的问题，从而加快了生物分子的吸附与洗脱速率，减小了传质阻力。表面印迹常用基质材料为新型的纳米材料[97]，如 Fe_4O_3、SiO_2、量子点、碳纳米管、聚苯乙烯微球和石墨烯纳米片等。目前大部分的生物分子印迹采用表面印迹策略，其制备过程大概分为以下几种方式。

通过对基质材料表面改性及化学接枝法，使之带有双键和与模板分子相互作用的结合位点，加入功能单体、模板分子、交联剂，氧化还原引发聚合，洗脱模板分子，基质表面成功聚合上一层薄的印迹壳层，从而形成核壳结构的表面分子印迹纳米微球。除了双键改性外，还可以通过将模板分子共价固定到基质上，采用反应条件温和的溶胶-凝胶法，即以硅烷偶联剂为单体，正硅酸乙酯为交联剂，通过水解在基质表面形成印迹壳层[98]。此外，由于多巴胺具有很强的黏附性和生物相容性，也被作为单体用于表面印迹研究中[99]。最后一种方式是在基质表面引入引发-转移-终止剂基团、可逆加成断裂链转移基团[100]、原子转移自由基聚合基团[101]制备生物分子表面印迹材料。西北工业大学胡小玲课题组在引发-转移-终止剂活性自由基聚合制备生物多肽分子印迹材料微球方面也有过深入的研究，制备了不同性质的谷胱甘肽表面分子印迹纳米微球，并对其性能进行了研究[102]。

（3）抗原决定基法制备生物分子印迹材料

抗原决定基印迹是以蛋白质（或酶）生物大分子的特征片段为替代模板，而不是整个生物分子[103]。这种方法是根据抗体结合抗原表位进行识别衍生出来的，在印迹过程中，模板分子通常是蛋白质的 C-端序列，因此有效避免了使用体积庞大的蛋白质为模板，不仅有利于模板的洗脱和传质，还减少了蛋白质结构复杂、易变带来的影响，所得印迹材料具有更高的选择性与亲和力，既能识别模板多肽还能识别相应的蛋白质。该方法的关键是选择合适的表位多肽，目前通过晶体学数据库和分析抗体结合位点来确定决定簇，然而这只能用于有限数量的蛋白质。UniProtKB 是蛋白质组分析的参考数据库，可以获得许多已知蛋白质的序列，如何选择蛋白质的决定簇多肽，可以参考 A. M. Bossi 等[104]的研究成果。

该方法提出以来，许多研究者在此方法的基础上结合新的聚合方法、新材料和新功能单体制备了对蛋白质具有识别性的印迹材料。H. Nishino 等[105]分别以牛血清白蛋白、细胞色素 C、乙醇脱氢酶的表位 C-端多肽序列为模板，通过共价键将多肽固定在玻璃和硅片上，然后通过聚合单体和交联剂在其表面得到印迹膜。分离实验表明，这种聚合物膜能从混合蛋白溶液中分离识别目标蛋白。此外研究还表明，对于牛血清白蛋白的抗原决定基印迹材料，当以一个氨基酸突变的多肽序列为模板，所得的分子印迹材料具有更高的选择性。D. Dechtrirat 等[106]在金导体表面通过电聚合制备一层超薄的抗原决定基印迹膜，并采用荧光颜料标记，通过荧光强度的变化来量化整个印迹过程，所得印迹材料与模板蛋白的结合力是非印迹材料的 6 倍。另一个重要的方法是通过在石英晶体微量天平芯片[107]和金量子点[108]上设计一层抗原决定基印迹材料，通过可视化的信号来对模板蛋白的吸附量定量。近年来，Y. P. Qin 等[109]选择提供金属配位相互作用的功能单体在磁性碳纳米管表面制备了细胞色素 C 的抗原决定基印迹材料，其印迹因子高达 11.7，最高吸附量达 780.0mg·g^{-1}。

考虑到生物分子印迹，尤其是蛋白质印迹，存在传质阻力大、构象复杂、结构易变而难以形成准确印迹孔穴等难题，西北工业大学胡小玲课题组针对生物分子印迹时结构稳定性差、水相印迹困难以及印迹机理和识别机理不清楚等问题，开展了系统的研究。虽然关于生物分子传质困难和结构灵活性问题已有大量的研究报道，然而有关如何提高生物分子印迹材料的选择性和亲和力的研究报道相对较少。解决模板传质问题几乎都是利用表面印迹策略，然而表面印迹所产生的印迹位点有限且需要在基质材料表面进行层层改性，印迹层厚度很难精确控制，急需研究新的方法来解决这些问题。

对于水溶性生物分子，考虑到水分子的溶剂化效应会干扰单体与生物分子的相互作用，因而在水相中获得更稳定的生物分子-功能单体复合物，是得到具有高选择性和高亲和力的生物分子印迹材料的关键，就蛋白质和酶等构象复杂性和不同部位的多种官能基团而言，需要通过多重弱相互作用的模式或者选择此种生物分子的特征片段为模板来减少印迹材料的非特异性吸附。要解决这两个问题，突破口就在于设计新的、能提供多重相互作用和高亲和力的水溶性功能单体。

1.10 展望

分子识别在生物过程中扮演着重要角色，比如抗原-抗体之间的免疫反应、配体-受体相互作用以及酶的催化等。其中，抗体和酶生物受体对于它们的客体分子具有高的亲和力和选择性，能从结构类似物中识别目标分子。生物抗体和酶有许多的实际应用，包括免疫测定、生物传感、疾病诊断治疗等。近年来，在科研和工业中，特异性分子识别的现象变得越来越重要，如高选择性分离、催化过程和灵敏的化学检测。然而生物受体较高的成本和低稳定性极大地限制其广泛应用。因而开发人工合成受体吸引了许多研究者的兴趣。然而研究者们同时也面临一个很大的挑战，那就是如何保证合成受体与生物受体具有同等的亲和力和特异性。为了实现这一目标，根据材料的多样性，合适的生物抗体替代品已经被设计出来。分子印迹技术的开发和应用使得具有与抗体相当的亲和力和特异性的分子印迹材料逐渐成为理想的人工合成抗体（由于其优良的稳定性、低成本和易制造等优势）。

表面分子印迹纳米微球是分子印迹材料中极具发展和应用前景的一种新型分离材料。近年来，随着众多学者的努力，表面分子印迹纳米微球已经被成功应用于色谱分离、生物传感器、药物分离、氨基酸手性分离和酶分离等领域。表面分子印迹纳米微球具有与模板分子的互补结构，因此在分子识别中具有独特的选择识别性能。与天然抗体相比，表面分子印迹纳米微球由于其高度选择性、优异的机械强度以及良好的重复使用性能而备受关注。

　　设计合成特殊尺寸和结构的纳米微球载体，通过表面分子印迹技术实现精准印迹，特别是氨基酸和多肽等生物分子，仍然是目前生物分离领域的研究热点。随着近年来识别目标分子种类的扩展，在实现实际应用之前，仍需要努力克服一些挑战。首先，对于较大尺寸的生物分子印迹，如蛋白质印迹、细胞印迹和病毒印迹，表面分子印迹纳米微球是否仍然可以从具有非常相似的结构和构象的混合体系中实现真正的选择性识别和分离？其次，表面分子印迹纳米微球与生物分子的亲和力、吸附能力以及选择识别能力等性能方面存在怎样的内在联系？

　　未来对表面分子印迹纳米微球的研究可以集中在以下两个方面。首先，通过计算模拟设计有效的表面分子印迹体系。例如，通过量子力学理论计算模板分子和功能单体之间的亲和力，从而优选具有更高亲和力的功能单体，并采用分子动力学模拟揭示表面分子印迹纳米微球与模板分子之间的结合位点和印迹孔穴的形成机制。其次，对于分子聚集体、细胞和微生物等较大尺寸的生物分子，应该合理地通过多相相互作用设计结合稳定的预聚合体系，从而通过将多个结合位点预结合进一步合成具有稳定识别孔穴的表面分子印迹纳米微球。总之，解决目前这些挑战仍然需要更深入彻底的理论和实验研究。

参考文献

[1] Polyakov M V, Khim Z F. Adsorption properties of silica gel and its structure [J]. Zhurnal Fizicheskoi Khimii, 1931, 2(6): 799-805.

[2] Byrne M E, Park K, Peppas N A. Molecular imprinting within hydrogels [J]. Advanced Drug Delivery Reviews, 2002, 54(1): 149-161.

[3] Turner N W, Jeans C W, Brain K R, et al. From 3D to 2D: A review of the molecular imprinting of proteins [J]. Biotechnology Progress, 2006, 22(6): 1474-1489.

[4] Chen L, Xu S, Li J. Recent advances in molecular imprinting technology: Current status, challenges and highlighted applications [J]. Chemical Society Reviews, 2011, 40(5): 2922-2942.

[5] Andersson L I. Molecular imprinting for drug bioanalysis. A review on the application of imprinted polymers to solid-phase extraction and binding assay [J]. Journal of Chromatography B, 2000, 739(1): 163-173.

[6] Yang J, Hu Y, Cai J B, et al. Selective hair analysis of nicotine by molecular imprinted solid-phase extraction: An application for evaluating tobacco smoke exposure [J]. Food & Chemical Toxicology, 2007, 45(6): 896-903.

[7] Hosoya K, Yoshizako K, Tanaka N, et al. Uniform-size macroporous polymer-based stationary phase for HPLC prepared through molecular imprinting technique [J]. Chemistry Letters, 1994, 8(8): 1437-1438.

[8] Matsui T, Osawa T, Shirasaka K, et al. Improved method of molecular imprinting of

cyclodextrin on silica-gel surface for the preparation of stable stationary HPLC phase [J]. Journal of Inclusion Phenomena and Macrocyclic Chemistry, 2006, 56(1): 39-44.

[9] Tan J, Wang H F, Yan X P. Discrimination of saccharides with a fluorescent molecular imprinting sensor array based on phenylboronic acid functionalized mesoporous silica [J]. Analytical Chemistry, 2009, 81(13): 5273-5280.

[10] Jinghua Y. Molecular imprinting-chemiluminescence sensor for the determination of amoxicillin [J]. Analytical Letters, 2010, 43(6): 1033-1045.

[11] Ramström O, Ansell R J. Molecular imprinting technology: Challenges and prospects for the future [J]. Chirality, 1998, 10(3): 195-209.

[12] Andersson L I. Molecular imprinting: developments and applications in the analytical chemistry field [J]. Journal of Chromatography B, 2000, 745(1): 3-13.

[13] Wulff G. Molecular imprinting in cross-linked materials with the aid of molecular templates— A way towards artificial antibodies [J]. ChemInform, 1995, 34(51): 1812-1832.

[14] Mosbach K. Molecular imprinting [J]. Trends in Biochemical Sciences, 1994, 19(1): 9-14.

[15] Ye L. Synthetic strategies in molecular imprinting [J]. Advances in Biochemical Engineering/ Biotechnology, 2015, 150: 1-24.

[16] Gupta R, Kumar A. Molecular imprinting in sol-gel matrix [J]. Biotechnology Advances, 2008, 26(6): 533-547.

[17] Mohajeri S A, Karimi G, Aghamohammadian J, et al. Clozapine recognition via molecularly imprinted polymers; bulk polymerization versus precipitation method [J]. Journal of Applied Polymer Science, 2011, 121(6): 3590-3595.

[18] Jing T, Gao X D, Wang P, et al. Determination of trace tetracycline antibiotics in foodstuffs by liquid chromatography-tandem mass spectrometry coupled with selective molecular-imprinted solid-phase extraction [J]. Analytical and Bioanalytical Chemistry, 2009, 393(8): 2009-2018.

[19] Vaihinger D, Landfester K, Kräuter I, et al. Molecularly imprinted polymer nanospheres as synthetic affinity receptors obtained by miniemulsion polymerization [J]. Macromolecular Chemistry and Physics, 2002, 203(13): 1965-1973.

[20] Tan C J, Tong Y W. Molecularly imprinted beads by surface imprinting [J]. Analytical and Bioanalytical Chemistry, 2007, 389(2): 369-376.

[21] Song R, Hu X, Guan P, et al. Surface modification of imprinted polymer microspheres with ultrathin hydrophilic shells to improve selective recognition of glutathione in aqueous media [J]. Materials Science and Engineering: C, 2016, 60: 1-6.

[22] Hoshina K, Horiyama S, Matsunaga H, et al. Molecularly imprinted polymers for simul-taneous determination of antiepileptics in river water samples by liquid chromatography-tandem mass spectrometry [J]. Journal of Chromatography A, 2009, 1216(25): 4957-4962.

[23] Beltran A, Marcé R M, Cormack P A G, et al. Synthesis by precipitation polymerisation of molecularly imprinted polymer microspheres for the selective extraction of carbamazepine and oxcarbazepine from human urine [J]. Journal of Chromatography A, 2009, 1216(12): 2248-2253.

[24] Wang H F, He Y, Ji T R, et al. Surface molecular imprinting on Mn-doped ZnS quantum dots for room-temperature phosphorescence optosensing of pentachlorophenol in water [J]. Analytical Chemistry, 2009, 81(4): 1615-1621.

[25] Bole A L, Manesiotis P. Advanced materials for the recognition and capture of whole cells and microorganisms [J]. Advanced Materials, 2015, 28(27): 5349-5366.

[26] Malitesta C, Guascito M R, Mazzotta E, et al. X-ray photoelectron spectroscopy characterization of electrosynthesized poly(3-thiophene acetic acid) and its application in molecularly imprinted polymers for atrazine[J]. Thin Solid Films, 2010, 518(14): 3705-3709.

[27] 杨俊, 朱晓兰, 苏庆德, 等. 可天宁印迹聚合物分子识别特性的光谱与 XPS 研究 [J]. 光谱学与光谱分析, 2007, 27(6): 1152-1155.

[28] Asanuma H, Akiyama T, Kajiya K, et al. Molecular imprinting of cyclodextrin in water for the recognition of nanometer-scaled guests [J]. Analytica Chimica Acta, 2001, 435(1): 25-33.

[29] Luo X, Deng F, Luo S, et al. Grafting of molecularly imprinted polymers from the surface of Fe_3O_4 nanoparticles containing double bond via suspension polymerization in aqueous environment: A selective sorbent for theophylline [J]. Journal of Applied Polymer Science, 2011, 121(4): 1930-1937.

[30] Cao H, Xiao J B, Xu M. Evaluation of new selective molecularly imprinted polymers for the extraction of resveratrol from polygonum cuspidatum [J]. Macromolecular Research, 2006, 14(3): 324-330.

[31] Ferrer I, Lanza F, Tolokan A, et al. Selective trace enrichment of chlorotriazine pesticides from natural waters and sediment samples using terbuthylazine molecularly imprinted polymers [J]. Analytical Chemistry, 2000, 72(16): 3934-3941.

[32] Wang H Y, Kobayashi T, Fujii N. Surface molecular imprinting on photosensitive dithiocarbamoyl polyacrylonitrile membranes using photograft polymerization [J]. Journal of Chemical Technology and Biotechnology, 1997, 70(4): 355-362.

[33] Baggiani C, Giraudi G, Giovannoli C, et al. A molecularly imprinted polymer for the pesticide bentazone [J]. Analytical Chemistry, 1999, 36(7): 263-266.

[34] Bjarnason B, Chimuka L, Ramström O. On-line solid-phase extraction of triazine herbicides using a molecularly imprinted polymer for selective sample enrichment [J]. Analytical chemistry, 1999, 71(11): 2152-2156.

[35] Ansell R J, Mosbach K. Magnetic molecularly imprinted polymer beads for drug radioligand binding assay [J]. Analyst, 1998, 123(7): 1611-1616.

[36] Sergeyeva T A, Piletsky S A, Panasyuk T L. Conductimetric sensor for atrazine detection based on molecularly imprinted polymer membranes [J]. Analyst, 1999, 124(3): 331-334.

[37] Reddy P S, Kobayashi T, Fujii N. Molecular imprinting in hydrogen bonding networks of polyamide nylon for recongnition of amino acids [J]. Chemistry Letters, 1999, 28(4): 293-294.

[38] Zhang Y, Yao X. Preparation of molecularly imprinted polymer for vanillin via seed swelling and suspension polymerization [J]. Polymer Science Series B, 2014, 56(4): 538-545.

[39] Lee S W, Ichinose I, Kunitake T. Molecular imprinting of azobenzene carboxylic acid on a TiO_2 ultrathin film by the surface sol-gel process [J]. Langmuir, 1998, 14(10): 2857-2863.

[40] Liu X C, Dordick J S. Sugar acrylate-based polymers as chiral molecularly imprintable hydrogels [J]. Journal of Polymer Science Part A: Polymer Chemistry, 1999, 37(11): 1665-1671.

[41] Kondo Y, Yoshikawa M, Okushita H. Molecularly imprinted polyamide membranes for chiral recognition [J]. Polymer Bulletin, 2000, 44(5-6): 517-524.

[42] Yoshikawa M, Fujisawa T, Izumi J. Molecularly imprinted polymeric membranes having EFF derivatives as a chiral recognition site [J]. Macromolecular Chemistry and Physics, 1999, 200(6): 1458-1465.

[43] Yoshida M, Hatate Y, Uezu K, et al. Chiral-recognition polymer prepared by surface molecular imprinting technique [J]. Colloids and Surfaces A, 2000, 169(1): 259-269.

[44] Su L, Guo X, Han S. Preparation and evaluation of vanillin molecularly imprinted polymer microspheres by reversible addition-fragmentation chain transfer precipitation polymerization [J]. Analytical Methods, 2014, 6(8): 2512-2517.

[45] Kitabatake T, Tabo H, Matsunaga H, et al. Preparation of monodisperse curcumin-imprinted polymer by precipitation polymerization and its application for the extraction of curcuminoids from Curcuma longa L [J]. Analytical and Bioanalytical Chemistry, 2013, 405(20): 6555-6561.

[46] Funaya N, Haginaka J. Matrine-and oxymatrine-imprinted monodisperse polymers prepared by precipitation polymerization and their applications for the selective extraction of matrine-type alkaloids from Sophora flavescens Aiton [J]. Journal of Chromatography A, 2012, 1248: 18-23.

[47] Haginaka J, Miura C, Funaya N, et al. Monodispersed molecularly imprinted polymer for creatinine by modified precipitation polymerization [J]. Analytical Sciences, 2012, 28(4): 315.

[48] Mayes A G, Mosbach K. Molecularly imprinted polymer beads: Suspension polymerization using a liquid perfluorocarbon as the dispersing phase [J]. Analytical Chemistry, 1996, 68(21): 3769-3774.

[49] Strikovsky A G, Kasper D, Grün M, et al. Catalytic molecularly imprinted polymers using conventional bulk polymerization or suspension polymerization: Selective hydrolysis of diphenyl carbonate and diphenyl carbamate [J]. Journal of the American Chemical Society, 2000, 122(26): 6295-6296.

[50] Lai J P, Lu X Y, Lu C Y, et al. Preparation and evaluation of molecularly imprinted polymeric microspheres by aqueous suspension polymerization for use as a high-performance liquid chromatography stationary phase [J]. Analytica Chimica Acta, 2001, 442(1): 105-111.

[51] Ansell R J, Mosbach K. Molecularly imprinted polymers by suspension polymerisation in perfluorocarbon liquids, with emphasis on the influence of the porogenic solvent [J]. Journal of Chromatography A, 1997, 787(1): 55-66.

[52] Pérez N, Whitcombe M J, Vulfson E N. Molecularly imprinted nanoparticles prepared by core-shell emulsion polymerization [J]. Journal of Applied Polymer Science, 2000, 77(8): 1851-1859.

[53] Dai J, Pan J, Xu L, et al. Preparation of molecularly imprinted nanoparticles with superparamagnetic susceptibility through atom transfer radical emulsion polymerization for the selective recognition of tetracycline from aqueous medium [J]. Journal of Hazardous Materials, 2012, 205: 179-188.

[54] Piacham T, Josell Å, Arwin H, et al. Molecularly imprinted polymer thin films on quartz

crystal microbalance using a surface bound photo-radical initiator [J]. Analytica Chimica Acta, 2005, 536(1): 191-196.

[55] Gonzato C, Courty M, Pasetto P, et al. Magnetic molecularly imprinted polymer nano-composites via surface-initiated RAFT polymerization [J]. Advanced Functional Materials, 2011, 21(20): 3947-3953.

[56] Chang L, Wu S, Chen S, et al. Preparation of graphene oxide-molecularly imprinted polymer composites via atom transfer radical polymerization [J]. Journal of Materials Science, 2011, 46(7): 2024-2029.

[57] Liu Y, Huang Y, Liu J, et al. Superparamagnetic surface molecularly imprinted nanoparticles for water-soluble pefloxacinmesylate prepared via surface initiated atom transfer radical polymerization and its application in egg sample analysis [J]. Journal of Chromatography A, 2012, 1246: 15-21.

[58] Zhang L, Cheng G, Fu C. Synthesis and characteristics of tyrosine imprinted beads via suspension polymerization [J]. Reactive and Functional Polymers, 2003, 56(3): 167-173.

[59] Khan H, Park J K. The preparation of D-phenylalanine imprinted microbeads by a novel method of modified suspension polymerization [J]. Biotechnology and Bioprocess Engineering, 2006, 11(6): 503-509.

[60] Khan H, Khan T, Park J K. Separation of phenylalanine racemates using d-phenylalanine imprinted microbeads as HPLC stationary phase [J]. Separation and Purification Technology, 2008, 62(2): 363-369.

[61] Ul-Haq N, Khan T, Park J K. Enantioseparation with D-Phe- and L-Phe-imprinted PAN-based membranes by ultrafiltration [J]. Journal of Chemical Technology and Biotechnology, 2008, 83(4): 524-533.

[62] Ye L, Cormack P A G, Mosbach K. Molecularly imprinted monodisperse microspheres for competitive radioassay [J]. Analytical Communications, 1999, 36(2): 35-38.

[63] Uezu K, Nakamura H, Goto M, et al. Metal-imprinted microsphere prepared by suriace template polymerization with W/O/W emulsions [J]. Journal of Chemical Engineering of Japan, 1999, 32(3): 262-267.

[64] Puoci F, Iemma F, Cirillo G, et al. New restricted access materials combined to molecularly imprinted polymers for selective recognition/release in water media [J]. European Polymer Journal, 2009, 45(6): 1634-1640.

[65] Grande D, Baskaran S, Chaikof E L. Glycosaminoglycan mimetic biomaterials 2 Alkene- and acrylate-derivatizedglycopolymers via cyanoxyl-mediated free-radical polymeri-zation [J]. Macromolecules, 2001, 34(6): 1640-1646.

[66] Hua K, Zhang L, Zhang Z, et al. Surface hydrophilic modification with a sugar moiety for a uniform-sized polymer molecularly imprinted for phenobarbital in serum [J]. Acta Biomaterialia, 2011, 7(8): 3086-3093.

[67] Pérez N, Michael J W, Evgeny N V. Surface imprinting of cholesterol on submicrometer core-shell emulsion particles [J]. Macromolecules, 2001, 34: 830-836.

[68] Yoshida M, Uezu K, Goto M, et al. Surface imprinted polymers recognizing amino acid chirality [J]. Journal of Applied Polymer Science, 2000, 78(4): 695-703.

[69] Sulitzky C, Rückert B, Hall A J, et al. Grafting of molecularly imprinted polymer films on silica supports containing surface-bound free radical initiators [J]. Macromolecules, 2002,

35: 79–91.

[70] Shamsipur M, Fasihi J, Ashtari K. Grafting of ion-imprinted polymers on the surface of silica gel particles through covalently surface-bound initiators: a selective sorbent for uranyl ion [J]. Analytical Chemistry, 2007, 79: 7116–7123.

[71] Wang J S, Matyjaszewski K. Controlled/ "living" radical polymerization. Halogen atom transfer radical polymerization promoted by a Cu(Ⅰ)/Cu(Ⅱ) redox process [J]. Macromolecules, 1995, 28(23): 7901–7910.

[72] Wei X, Li X, Husson S M. Surface molecular imprinting by atom transfer radical polymerization [J]. Biomacromolecules, 2005, 6: 1113–1121.

[73] Li X, Husson S. Adsorption of dansylated amino acids on molecularly imprinted surfaces: Surface plasmon resonance study [J]. Biosensors and Bioelectronics, 2006, 22(3): 336–348.

[74] Zu B, Pan G, Zhang Y, et al. Preparation of molecularly imprinted polymer microspheres via atom transfer radical precipitation polymerization [J]. Journal of Polymer Science Part A: Polymer Chemistry, 2009, 47(13): 3257–3270.

[75] Zu B, Guo X, Zhang Y, et al. Preparation of molecularly imprinted polymers via atom transfer radical 'bulk' polymerization [J]. Journal of Polymer Science Part A: Polymer Chemistry, 2010, 48(3): 532–541.

[76] Gai Q Q, Qu F, Liu Z J, et al. Superparamagnetic lysozyme surface-imprinted polymer prepared by atom transfer radical polymerization and its application for protein separation [J]. Journal of Chromatography A, 2010, 1217: 5035–5042.

[77] Chiefari J, Chong Y K, Ercole F, et al. Living free-radical polymerization by reversible addition-fragmentation chain transfer: The RAFT process [J]. Macromolecules, 1998, 31(16): 5559–5562.

[78] Du Z X, Liu H, Fu Z F, et al. Molecularly imprinted polymers on chloromethyl polystyrene resin prepared via RAFT polymerization [J]. Chinese Chemical Letters, 2006, 17(4): 549–552.

[79] Titirici M M, Sellergren B. Thin molecularly imprinted polymer films via reversible addition-fragmentation chain transfer polymerization [J]. Chemistry of Materials, 2006, 18(7): 1773–1779.

[80] Rückert B, Hall A J, Sellergren B. Molecularly imprinted composite materials via iniferter-modified supports [J]. Journal of Materials Chemistry, 2002, 12(8): 2275–2280.

[81] Li Y, Zhou W H, Yang H H, et al. Grafting of molecularly imprinted polymers from the surface of silica gel particles via reversible addition-fragmentation chain transfer polymerization: a selective sorbent for theophylline [J]. Talanta, 2009, 79(2): 141–145.

[82] Zhao L, Zhao F, Zeng B. Synthesis of water-compatible surface-imprinted polymer via click chemistry and RAFT precipitation polymerization for highly selective and sensitive electrochemical assay of fenitrothion [J]. Biosensors and Bioelectronics, 2014, 62: 19–24.

[83] Georges M K, Veregin R P N, Kazmaier P M, et al. Narrow molecular weight resins by a free-radical polymerization process [J]. Macromolecules, 1993, 26(11): 2987–2988.

[84] Boonpangrak S, Whitcombe M J, Prachayasittikul V, et al. Preparation of molecularly imprinted polymers using nitroxide-mediated living radical polymerization [J]. Biosensors and Bioelectronics, 2006, 22: 349–354.

[85] Pinar C, Arnaud C, Marina R, et al. Protein-size molecularly imprinted polymer nanogels as synthetic antibodies, by localized polymerization with multi-initiators [J]. Advanced Materials, 2013, 25(7): 1048-1051.

[86] Patra S, Roy E, Madhuri R, et al. Nano-iniferter based imprinted sensor for ultratrace level detection of prostate-specific antigen in both men and women [J]. Biosensors & Bioelectronics, 2015, 66: 1-10.

[87] Barahona F, Turiel E, Cormack P A G, et al. Chromatographic performance of molecularly imprinted polymers: core-shell microspheres by precipitation polymerization and grafted MIP films via iniferter-modified silica beads [J]. Journal of Polymer Science A: Polymer Chemistry, 2010, 48(5): 1058-1066.

[88] Shi H, Tsai W B, Garrison M D, et al. Template-imprinted nanostructured surfaces for protein recognition [J]. Nature, 1999, 398(6728): 593-597.

[89] Shiomi T, Matsui M, Mizukami F, et al. A method for the molecular imprinting of hemoglobin on silica surfaces using silanes [J]. Biomaterials, 2005, 26(27): 5564-5571.

[90] Wang L, Zhang Z. The study of oxidization fluorescence sensor with molecular imprinting polymer and its application for 6-mercaptopurine (6-MP) determination [J]. Talanta, 2008, 76(4): 768-771.

[91] 钱立伟. 基于蛋白质稳定的分子印迹聚合物的制备研究 [D]. 西安: 西北工业大学, 2016.

[92] Culver H R, Steichen S D, Peppas N A. A closer look at the impact of molecular imprinting on adsorption capacity and selectivity for protein templates [J]. Biomacromolecules, 2016, 17(12): 4045.

[93] 钱立伟, 李季, 宋文琦, 等. 采用大分子单体稳定印迹牛血清白蛋白 [J]. 高等学校化学学报, 2016, 37(11): 2092-2100.

[94] Chen H, Kong J, Yuan D, et al. Synthesis of surface molecularly imprinted nanoparticles for recognition of lysozyme using a metal coordination monomer [J]. Biosensors and Bioelectronics, 2014, 53: 5-11.

[95] Yuan S, Deng Q, Fang G, et al. Protein imprinted ionic liquid polymer on the surface of multiwall carbon nanotubes with high binding capacity for lysozyme [J]. Journal of Chromatography B, 2014, 960: 239-246.

[96] Lay S, Ni X, Yu H, et al. State-of-the-art applications of cyclodextrins as functional monomers in molecular imprinting techniques: A review[J]. Journal of Separation Science, 2016, 39(12): 2321-2331.

[97] Lv Y, Tan T, Svec F. Molecular imprinting of proteins in polymers attached to the surface of nanomaterials for selective recognition of biomacromolecules [J]. Biotechnology Advances, 2013, 31(8): 1172-1186.

[98] Bhakta S, Seraji M S I, Suib S L, et al. Antibody-like biorecognition sites for proteins from surface imprinting on nanoparticles [J]. ACS Applied Materials & Interfaces, 2015, 7(51): 28197.

[99] Zheng C, Zhang X L, Liu W, et al. A selective artificial enzyme inhibitor based on nano-particle enzyme interactions and molecular imprinting [J]. Advanced Materials, 2013, 25(41): 5922-5927.

[100] Gonzato C, Courty M, Pamela Pasetto, et al. Magnetic molecularly imprinted polymer nanocomposites via surface-initiated RAFT polymerization [J]. Advanced Functional

Materials, 2011, 21(20): 3947–3953.

[101] Adali–Kaya Z, Tse S B B, Falcimaigne–Cordin A, et al. Molecularly imprinted polymer nanomaterials and nanocomposites: Atom–transfer radical polymerization with acidic monomers[J]. Angewandte Chemie International Edition, 2015, 54(17): 5192–5195.

[102] 宋任远. 谷胱甘肽分子印迹聚合物微球的制备与识别性能研究 [D].西安: 西北工业大学, 2015.

[103] Rachkov A, Minoura N. Towards molecularly imprinted polymers selective to peptides and proteins. The epitope approach [J]. Biochimica et Biophysica Acta (BBA)–Protein Structure and Molecular Enzymology, 2001, 1544(1): 255–266.

[104] Bossi A M, Sharma P S, Montana L, et al. Fingerprint–imprinted polymer: Rational selection of peptide epitope templates for the determination of proteins by molecularly imprinted polymers [J]. Analytical chemistry, 2012, 84(9): 4036–4041.

[105] Nishino H, Huang C S, Shea K J. Selective protein capture by epitope imprinting [J]. Angewandte Chemie, 2006, 45(15): 2392–2396.

[106] Dechtrirat D, Jetzschmann K J, Stöcklein W F M, et al. Protein rebinding to a surface–confined imprint [J]. Advanced Functional Materials, 2012, 22(24): 5231–5237.

[107] Lu C H, Zhang Y, Tang S F, et al. Sensing HIV related protein using epitope imprinted hydrophilic polymer coated quartz crystal microbalance [J]. Biosensors and Bioelectronics, 2012, 31(1): 439–444.

[108] Yang Y Q, He X W, Wang Y Z, et al. Epitope imprinted polymer coating CdTe quantum dots for specific recognition and direct fluorescent quantification of the target protein bovine serum albumin [J]. Biosensors and Bioelectronics, 2014, 54: 266–272.

[109] Qin Y P, Li D Y, He X W, et al. Preparation of high–efficiency cytochrome c–imprinted polymer on the surface of magnetic carbon nanotubes by epitope approach via metal chelation and six–membered ring [J]. ACS applied materials & interfaces, 2016, 8(16): 10155–10163.

第**2**章

核壳表面分子印迹纳米微球

2.1　引言

　　目前，分子印迹技术所合成的是在质子惰性或低极性的有机溶剂中识别目标分子的分子印迹材料。但由于水分子会影响模板分子与功能单体间的相互作用，因此很难将此类分子印迹聚合物直接应用于水相溶剂中[1]。将分子印迹材料应用于识别非极性小分子的技术已经较为成熟。然而，在水相溶剂中，分子印迹材料对于生物大分子如多肽和蛋白质的识别则受到了限制[2]。因此，基于极性等相互作用的氢键、金属配位和静电作用等正被众多学者所关注[3]。目前，分子印迹材料多数是通过甲基丙烯酸、丙烯酰胺或 N-乙烯基咪唑作为功能单体进行制备，模板分子与功能单体之间的相互作用主要为极性相互作用[4-6]。然而，随着分子印迹材料的应用范围逐渐扩大，目前迫切需要对分子印迹材料的结构进行有效调控。

　　离子液体作为一种在化学领域极受关注的材料，具有许多独特的物理化学性质，如良好的稳定性以及对水或有机溶剂较好的相溶性等[7-12]。近年来，离子液体作为活性化合物的分离溶剂得到了众多研究者的青睐[13,14]。咪唑类离子液体由于具有易合成和低成本的优势，是最受欢迎的离子液体之一。近年来，研究者普遍将咪唑类离子液体作为功能单体或有机表面改性剂来制备与模板分子具有多种相互作用的分子印迹材料[15,16]。W. Bi 等[17]报道了通过分子印迹技术制备离子液体功能化的分子印迹材料。研究表明，当所制备的分子印迹材料被应用于植物提取液中分离酚酸时，分子印迹材料能够减少阴离子交换过程中非方向性的离子间相互作用，并可以降低酚酸与其他干扰物质之间的相互作用，从而被应用于固相萃取时可达到较高的再生率。X. Luo 等[18]以离子液体作为功能单体制备了一种亲水性的分子印迹材料。该分子印迹材料与模板分子之间可以形成多种相互作用，对模板分子表现出了较高的选择性，而且具有良好的再生性。作为潜在的光电传感材料，H. Liu 等[19]基于量子点和氧化石墨烯制备了离子液体稳定的分子印迹材料，此分子印迹材料对维生素 E 具有较为灵敏的特异识别性。此外，J. P. Fan 等[20]使用带碳碳双键的离子液体作为功能单体制备分子印迹材料，并从甲醇-水介质中选择性分离辛弗林。然而，对于分子印迹材料而言，存在一个非常关键的问题，那就是包埋在分子印迹材料里面的印迹孔穴不利于模板分子的洗脱，从而降低分子印迹材料的印迹效率。表面分子印迹技术是一项非常有前景的印迹方法。将离子液体与表面分子印迹技术相结合，实现分子印迹技术在水相中对生物分子的分离和提纯是非常有前景的。

2.2　核壳表面分子印迹纳米微球的制备

核壳表面分子印迹纳米微球的制备分为以下三个阶段，包括纳米微球载体的制备、纳米微球载体的表面修饰（即离子液体功能化纳米微球的制备）以及分子印迹壳层在纳米微球载体表面的形成。

（1）纳米微球载体的制备

20 世纪 80 年代，M. Okubo 等[21]提出了"粒子设计"的概念。聚合物纳米微球作为一种新型的可设计聚合物粒子，其较小的粒径尺寸和体积，使得整个粒子在作为载体或反应器时，对外界刺激具有较快的响应和较高的反应速率[22]。目前，已开发出了很多种制备聚合物纳米微球的方法，例如乳液聚合法、悬浮聚合法、沉淀聚合法和分散聚合法等。其中，分散聚合法作为一种新型的聚合方法，被广泛应用于各种功能性聚合物粒子的制备[23]。

分散聚合法是指在聚合反应开始前，整个体系为均相，分散剂首先分散并均匀地溶解在介质中，随后，单体和引发剂也都溶解在介质中。在聚合反应开始后，所生成的聚合物无法溶于反应介质，从而借助于整个体系中的空间位阻作用、电荷相互作用或微交联作用使反应后形成的聚合物粒子稳定地分散于介质中。随着科技的迅速发展，表面具有特种功能基团的功能性纳米微球越来越受到众多学者的重视，在作为色谱、传感和医药的载体等方面有着广泛的应用前景[24]。

参考 E. Uğuzdoğan 等[25]制备聚合物纳米微球的方法，以聚乙二醇甲基丙烯酸酯、N-乙烯基咪唑、乙二醇二甲基丙烯酸酯为聚合单体，聚乙烯吡咯烷酮为分散剂，无水乙醇为溶剂，使用分散聚合法制备了表面带有咪唑功能基团的纳米微球载体。纳米微球载体的制备机理如图 2-1 所示，即聚乙二醇甲基丙烯酸酯、N-乙烯基咪唑、乙二醇二甲基丙烯酸酯通过自由基聚合生成交联的无规共聚物。

纳米微球载体制备方法如下。称取聚乙烯吡咯烷酮（0.75g）加入无水乙醇（40mL）中，超声分散均匀。然后，向以上溶液中分别加入聚乙二醇甲基丙烯酸

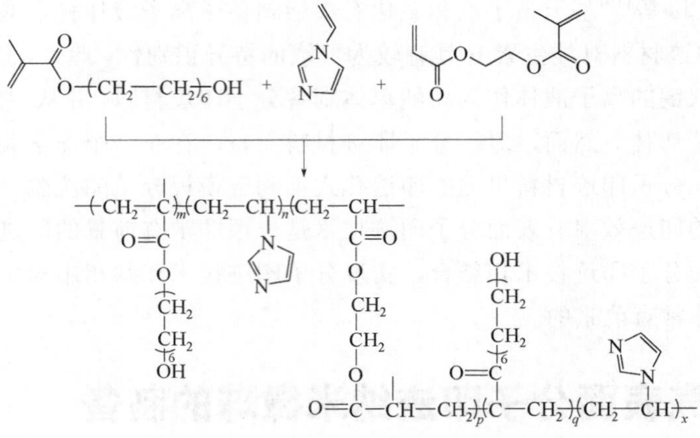

图 2-1

纳米微球载体的制备机理

酯（2.0mL）、N-乙烯基咪唑（1.0mL）、乙二醇二甲基丙烯酸酯（0.8mL）和偶氮
二异丁腈（0.1g）并搅拌均匀，通 N_2 除氧 15min 后，置于磁力搅拌水浴装置中，
升温至 85℃反应 4h 后，再升温至 90℃反应 1h。反应结束后，所得产物经离心分
离和无水乙醇抽洗，真空干燥至衡重，可获得纳米微球载体。

（2）纳米微球载体的表面修饰

纳米微球载体的表面修饰方法如下。将纳米微球载体（0.5g）、氯乙酸丙烯酯
（1.0mL）依次加入无水乙醇（50mL）中，超声分散均匀，通氮气除氧 15min 后，
置于磁力搅拌水浴装置中，升温至 52℃反应 12h。反应结束后，所得产物经离
心分离和无水乙醇抽洗，真空干燥至衡重，可获得离子液体功能化的纳米微球
载体。

（3）分子印迹壳层在纳米微球载体表面的形成

分子印迹材料在纳米微球载体表面的聚合，即核壳表面分子印迹纳米微球的
制备方法如下。将纳米微球载体（80mg）、体积比为 2:1 的乙腈和水混合溶液
（45mL）、胸腺五肽（20.0mg）、甲基丙烯酸（100μL）、乙二醇二甲基丙烯酸酯
（800μL）和偶氮二异丁腈（12.0mg）依次加入 100mL 单口石英烧瓶中并超声搅
拌分散均匀，通氮气除氧 30min 后，置于磁力搅拌水浴装置中，升温至 60℃反应
8h。反应结束后，所得产物经离心分离，无水乙醇、醋酸和水混合溶液抽洗，真
空干燥至衡重，可获得核壳表面分子印迹纳米微球。

非印迹纳米微球的制备方法与核壳表面分子印迹纳米微球一致，但是在制备
过程中不加入模板分子胸腺五肽。

2.3　核壳表面分子印迹纳米微球的表征

2.3.1　纳米微球载体的表征

如图 2-2 所示，纳米微球载体粒径约为 990nm，而且具有规整的球形结构。悬浮聚合法制备的聚合物纳米微球，其粒径通常为微米尺度。与此相比，纳米微球载体的粒径降低至原来的 1/20，因此其比表面积会显著提高。

图 2-2

通过分散聚合法制备的纳米微球载体的扫描电子显微镜图

纳米微球载体的表面并不光滑，这很有可能是在聚合的过程中，一些未交联或者交联度低的聚合物分子链在洗脱的过程中被溶剂所溶解，而交联度高且溶胀度低的聚合物主体结构仍然得以保留，从而使得纳米微球表面变得不平整。此外，分散剂聚乙烯吡咯烷酮从纳米微球载体中洗脱以后，也会增加纳米微球表面的粗糙度。尽管纳米微球载体的表面粗糙不平，然而和同等尺寸的表面光滑的纳米微球相比，这种结构对提高比表面积更具有优势，从而可以显著增加纳米微球表面的咪唑功能基团的密度，利于纳米微球载体在作为分子印迹载体时，结合更多的模板分子，从而产生较多的印迹位点。此外，使用傅里叶变换红外光谱仪对纳米微球载体进行化学结构分析。由图 2-3a 可知，1727cm^{-1} 为酯基的振动峰，3120cm^{-1}、1454cm^{-1}、1258cm^{-1} 和 670cm^{-1} 峰归属于咪唑基团的伸缩振动[26]，表明咪唑基团被接枝到纳米微球载体上。

2.3.2　离子液体功能化纳米微球的表征

对于使用分散聚合法制备得到的表面带有咪唑功能基团的纳米微球载体，通过使用氯乙酸丙烯酯进行离子液体功能化反应，即烷基化反应，可制备表面具备

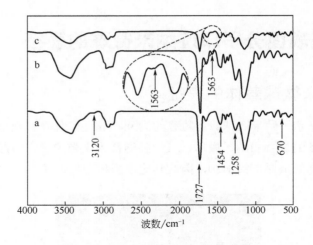

图 2-3

纳米微球的红外光谱图

a—纳米微球载体一；b—纳米微球载体二；c—核壳表面分子印迹纳米微球

咪唑鎓离子液体性质的纳米微球载体。使用傅里叶变换红外光谱仪对纳米微球载体进行化学结构分析，其结果如图 2-3b 所示。在纳米微球载体表面进行烷基化反应之后，即离子液体功能化反应后，纳米微球载体的红外光谱图中出现了新的特征峰 1563cm^{-1}，此峰归属于咪唑鎓基团的特征峰[27]。因此，红外光谱分析结果可初步表明纳米微球载体的表面离子液体功能化的实现。

X 射线光电子能谱是表征聚合物表面元素组成及化学状态的重要手段之一。为了进一步证实纳米微球载体表面离子液体功能化的实现，使用 X 射线光电子能谱仪对纳米微球载体的表面元素和元素的化学状态进行了表征。图 2-4a 为纳米微球载体的 X 射线光电子能谱图，存在 C、O 和 N 三种元素。图 2-4b 为离子液体功能化纳米微球载体的 X 射线光电子能谱图，存在 C、O、N 和 Cl 四种元素。此外，使用高斯-洛伦兹比函数[28]对纳米微球载体表面的 N 和 Cl 的化学状态进行分析。从图 2-5（a）中可以看出，N 1s 具有 398.3eV、399.1eV、400.1eV、400.6eV 和 401.5eV 五种不同的化学状态。其中，398.3eV 和 400.1eV 归属于未进行离子液体功能化反应的咪唑基团的两个 N 1s，399.1eV 和 400.6eV 归属于离子液体功能化的咪唑鎓基团的两个 N 1s，401.5eV 归属于纳米微球表面残留的分散剂聚乙烯吡咯烷酮的 N 1s。此外，通过对 Cl 2p 进行分析，如图 2-5（b）所示，Cl 2p$^{3/2}$ 的结合能为 196.5eV，为离子状态的 Cl 2p，即 Cl$^-$。综合以上红外光谱和 X 射线光电子能谱的分析结果，可以发现离子液体功能化纳米微球载体被成功制备。其中，纳米微球载体表面 C、O、N 和 Cl 的元素含量分别为 73.74%、3.44%、22.57%和 0.25%。此外，通过图 2-5（a）中 N 元素的含量计算可得纳米微球表面的离子液体功能化率约为 50.17%。

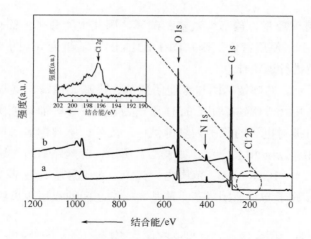

图 2-4

X 射线光电子能谱图（1）

a—纳米微球载体；b—离子液体功能化纳米微球载体

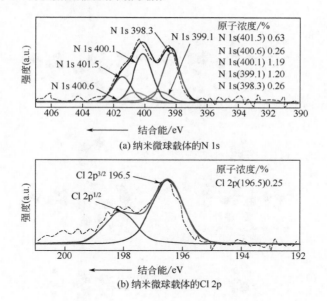

图 2-5

X 射线光电子能谱图（2）

　　为了充分体现离子液体功能化纳米微球载体表面的咪唑鎓基团在实现对生物分子的结合时所展现的功能特性，如图 2-6（a）和（b）所示，将纳米微球表面的咪唑鎓功能基团进行模型简化。参考 G. Guan 等[29]对生物分子的计算思路，首先考虑了生物分子通常存在的功能基团（胸腺五肽的功能基团也在考虑之内），以生物分子的功能基团为出发点，对其计算进行结构简化。考虑到生物分子的功能基团主要为巯基、羟基、羧基、氨基和苯环，因此生物分子的简化模型如图 2-6（c）～（g）所示。使用密度泛函（DFT/B3LYP），基组为 6-311+G（d,p），并使用连续介质模型进行理论计算。

如图 2-6 所示，咪唑镓基团与官能团巯基、羟基、羧基、氨基之间的作用主要是氢键相互作用。咪唑镓基团上的 H 原子为氢键受体，而官能团巯基、羟基、羧基、氨基具有孤对电子的原子为氢键供体。此外，咪唑镓基团与苯环之间的作用为边对面的 T-型 π-π 相互作用。如表 2-1 所示，咪唑镓基团与这些官能团模型之间的作用能在 1～10kJ·mol^{-1} 范围内。其中，对于羟基、羧基、氨基而言，咪唑镓基团上的 H 原子与官能团羟基、羧基、氨基之间的作用距离约为 2.0Å（1Å=

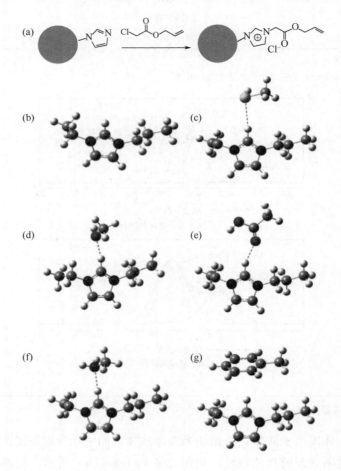

图 2-6

量子力学计算简化模型

（a）纳米微球载体的表面功能化示意图；（b）纳米微球载体的表面模型简化示意图；（c）～（g）生物分子的功能基团模型与纳米微球表面简化模型之间的相互作用示意图

表 2-1　生物分子的功能基团模型与纳米微球表面简化模型之间的相互作用能和作用距离

弱作用方式	生物分子的功能基团	$\Delta E/\text{kJ} \cdot \text{mol}^{-1}$	作用距离/Å
氢键	巯基	−4.14	2.751
	羟基	−10.66	2.049
	羧基	−7.53	2.136
	氨基	−12.63	2.139
π-π 堆叠作用	苯环	−1.02	—

10^{-10}m），为典型的较强氢键作用距离。而对于巯基而言，氢键作用相对较弱。以上分析结果表明，生物分子的功能基团与咪唑鎓基团之间可以形成多种弱相互作用。相比于单一的静电作用位点、氢键作用位点或 π-π 堆叠作用位点，咪唑鎓基团的优势在于可以与生物分子不同的功能基团进行空间和结合位点上的合理匹配，从而为结合生物分子提供多种弱作用。这些弱相互作用之间的协同作用为实现特异性识别提供了非常重要的依据。

2.3.3　核壳表面分子印迹纳米微球的表征

以离子液体功能化纳米微球载体为基质，以胸腺五肽为模板分子，甲基丙烯酸为功能单体，乙二醇二甲基丙烯酸酯为交联剂，在乙腈和水的混合溶液中，通过热引发，制备了核壳表面分子印迹纳米微球。

通过透射电子显微镜对核壳表面分子印迹纳米微球进行表面形貌分析。从图 2-7（a）可以看出，通过表面接枝聚合，核壳表面分子印迹纳米微球呈现较好的球形结构。此外，从图 2-7（b）中可以清晰地看出核壳表面分子印迹纳米微球外层分子印迹材料的轮廓，其印迹聚合物壳层的厚度约为 50nm。这说明，通过表面引发自由基聚合，成功地将印迹聚合物层接枝到纳米微球载体表面。由于该印迹材料的识别位点分布在核壳表面分子印迹纳米微球的印迹壳层上，有利于模板分子的洗脱和再识别，同时也可以提高模板分子胸腺五肽的传质速率和核壳表面分子印迹纳米微球对胸腺五肽的识别效率。

此外，使用红外光谱对核壳表面分子印迹纳米微球进行结构分析。从图 2-3b和图 2-3c 可以看出，核壳表面分子印迹纳米微球的红外特征峰和纳米微球载体的特征峰十分相似，这是由于二者的特征功能基团比较相似。然而，在 1563cm^{-1}处咪唑鎓基团的特征峰有所减弱。此外，使用 X 射线光电子能谱仪和高斯-洛伦兹比函数对核壳表面分子印迹纳米微球的表面元素含量进行半定量分析，其表面 C、N、O 和 Cl 的元素含量分别为 73.25%、2.73%、23.97%和 0.05%。与纳米微球载体的表面元素含量相比，核壳表面分子印迹纳米微球的表面元素含量发生了很大的变化，也可以证实表面印迹壳层的存在。

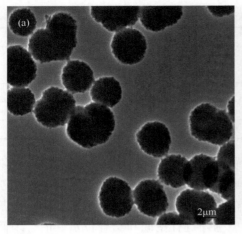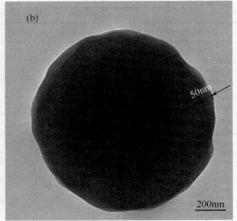

图 2-7

不同放大倍数下核壳表面分子印迹纳米微球的透射电镜图

2.4 核壳表面分子印迹纳米微球的性能及调控

2.4.1 模板分子胸腺五肽的构象稳定性

在分子印迹领域，功能单体、溶剂体系和聚合方法的选择通常是众多学者关注的焦点。然而对使用生物分子作为模板分子的分子印迹研究来说，某些生物分子在溶剂中的结构可能存在不稳定状态，尤其是当制备分子印迹材料体系的温度与常规的生物分子活性温度不同时，生物分子的构象稳定性是决定分子印迹材料识别性能的关键因素之一。当选择生物分子作为模板时，其结构的持续稳定对于制备具有精确识别性能的分子识别材料影响甚大。因此，首先使用分子动力学方法研究了所选用的模板分子胸腺五肽在水相中的稳定性。

模板分子胸腺五肽在水相中的构象稳定性模拟采用了 Gromacs 软件和 OPLS-AA 全原子力场[30]。首先，建立胸腺五肽的 pdb 文件，然后为胸腺五肽添加一个具有周期边界条件的立体盒子，并设置胸腺五肽与边界的距离为 1.0nm。随后，向盒子中填充水分子，并使用 Na^+、Cl^- 补偿体系中的净电荷，进行能量最小化。接下来，对整个体系进行位置限制性模拟，此过程分两个阶段进行。第一阶段是等温等容（NVT）系综（粒子数、体积和温度都恒定），可使体系的温度达到预期值并基本保持不变，系统的温度设置为 298.15K（即 25℃），弛豫时间为 200ps。第二阶段是等温等压（NPT）系综（粒子数、压力和温度都恒定），稳定体系的压力和密度，使其最接近实验条件，弛豫时间为 100ps。待体系的温度和压力平衡好以后，放开位置限制并进行成品分子动力学模拟，模拟时间为 1ns。通过 Gromacs 软件内置的 rms 模块计算均方根偏差和螺旋半径。为了研究模板分子胸腺五肽在制备核壳表面分子印迹纳米微球时的稳定性，重复以上 NVT 系综、NPT 系综、分子动力学模拟，并将温度设置为 333.15K（即 60℃），然后计算均方根偏差和螺旋半径。

　　在进行胸腺五肽水相体系能量最小化之后，得到了体系势能随着模拟步长的变化趋势，结果如图 2-8（a）所示。在初始阶段，体系的势能急剧降低，随后降低趋势变缓，最后达到收敛，说明体系在进行 228 步之后达到了能量最小化。此时，胸腺五肽水相体系的稳定结构如图 2-8（b）所示。

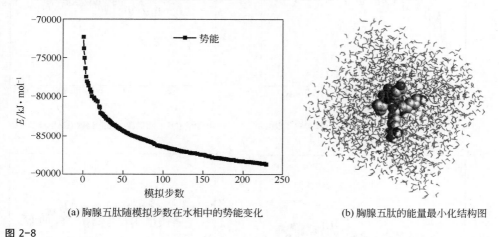

(a) 胸腺五肽随模拟步数在水相中的势能变化　　　(b) 胸腺五肽的能量最小化结构图

图 2-8

分子动力学模拟结果

　　在分别经过 NVT 系综、NPT 系综和成品模拟（298.15K）之后，对得到的胸腺五肽分子结构与能量最小化的胸腺五肽分子结构进行对比分析。从图 2-9（a）中可以看出，当模拟时间持续到 0.8ns 之后，均方根偏差的波动幅度变缓，平均值约为 0.1nm，表明在经过一段时间的溶剂作用之后，胸腺五肽的结构在水相中可以持续稳定，而且其结构相对于能量最小化的结构而言变化不大。通过计算胸腺五肽随时间变化的螺旋半径，可进一步研究胸腺五肽在水相中的稳定性。从图 2-9（b）中可以看出，最小化后胸腺五肽的螺旋半径约为 0.3nm。随着分子运动时间的延长，螺旋半径的平均值约为 0.35nm，且变化幅度较小，表明胸腺五肽在和溶剂相互作用以后，其结构一直保持在相对稳定的状态。

　　图 2-9（c）为胸腺五肽在 333.15K 的水相中均方根偏差的变化。结果表明，相对于在 298.15K 的水相中，其分子结构变化很小，而且随后保持稳定，均方根偏差平均值仅约 0.15nm。胸腺五肽的螺旋半径变化如图 2-9（d）所示，平均值约为

0.37nm，与298.15K时的螺旋半径值相差不大，而且在整个动力学过程中也保持稳定。对于制备具有优异识别性能的分子印迹材料来说，模板分子在溶液中的构型能够保持稳定，对于分子识别材料的识别性能是至关重要的。而胸腺五肽的构型在分子印迹材料的制备温度（333.15K，即60℃）和其使用温度（298.15K，即25℃）下都可以保持稳定，因此，胸腺五肽作为模板分子制备表面分子印迹材料是合适的。

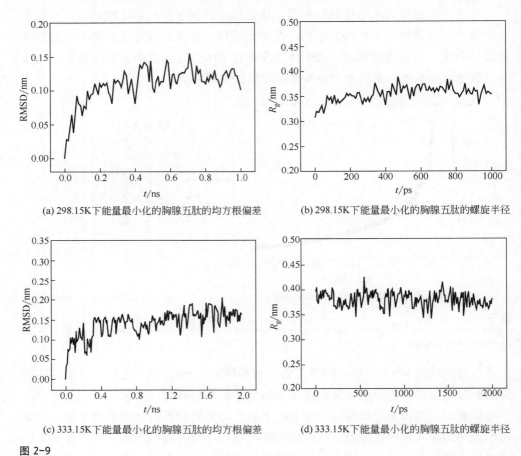

(a) 298.15K下能量最小化的胸腺五肽的均方根偏差   (b) 298.15K下能量最小化的胸腺五肽的螺旋半径

(c) 333.15K下能量最小化的胸腺五肽的均方根偏差   (d) 333.15K下能量最小化的胸腺五肽的螺旋半径

图 2-9

胸腺五肽的分子动力学模拟结果
RMSD—螺旋半径；t—模拟时间；R_g—螺旋半径

2.4.2 平衡吸附性能

对于经过设计并成功制备的人工分子识别材料而言，其对特定目标分子的识别特性是非常重要的。为了更合理有效地分析核壳表面分子印迹纳米微球对胸腺五肽的识别特性，首先研究了核壳表面分子印迹纳米微球对模板分子胸腺五肽的等温吸附性能。

如图 2-10 所示，随着模板分子胸腺五肽浓度的增大，核壳表面分子印迹纳米微球和非印迹纳米微球对胸腺五肽的吸附量也在增加，其饱和吸附量分别为 $50.8 mg \cdot g^{-1}$ 和 $29.2 mg \cdot g^{-1}$。在相同的平衡浓度下，单位质量的核壳表面分子印迹纳米微球对胸腺五肽的吸附性能优于非印迹纳米微球，且印迹因子（即核壳表面分子印迹纳米微球对胸腺五肽的吸附量与非印迹纳米微球对胸腺五肽的吸附量的比值）为 1.86，表明核壳表面分子印迹纳米微球对模板分子胸腺五肽具有显著的识别性能。这种显著的识别性能说明在印迹壳层的制备过程中，胸腺五肽与咪唑鎓基团和甲基丙烯酸之间通过各种弱相互作用在核壳表面分子印迹纳米微球的印迹壳层上产生了与胸腺五肽相匹配的印迹位点，从而决定了核壳表面分子印迹纳米微球对胸腺五肽的高度亲和能力和特异识别性能。依靠核壳表面分子印迹纳米微球与胸腺五肽之间的静电、氢键和 π-π 堆叠等多种弱相互作用，这种带有特异识别位点和印迹孔穴的核壳表面分子印迹纳米微球胸腺五肽之间可以形成较稳定的结构，而非印迹纳米微球在制备过程中不存在与模板分子相匹配的印迹孔穴和识别位点，其吸附性能只限于材料表面的非特异性吸附，因此非印迹纳米微球对胸腺五肽的吸附能力较低。

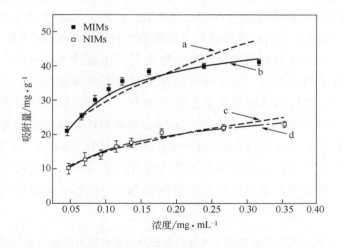

图 2-10

等温吸附曲线
a—核壳表面分子印迹纳米微球对胸腺五肽的 Freundlich 拟合；b—核壳表面分子印迹纳米微球对胸腺五肽的 Langmuir 拟合；c—非印迹纳米微球的 Freundlich 拟合；d—非印迹纳米微球的 Langmuir 拟合；MIMs—核壳表面分子印迹纳米微球；NIMs—非印迹纳米微球

为了进一步研究核壳表面分子印迹纳米微球和非印迹纳米微球对胸腺五肽的吸附性能，使用 Langmuir 和 Freundlich 等温吸附模型对吸附平衡数据进行拟合。

Langmuir 等温吸附模型非线性和线性方程如下[31]

$$Q_e = \frac{K_L Q_m C_e}{1 + K_L C_e}$$

$$\frac{C_e}{Q_e} = \frac{1}{Q_m} C_e + \frac{1}{K_L Q_m}$$

式中，Q_e 为吸附容量，$mg \cdot g^{-1}$；C_e 为胸腺五肽的平衡浓度，$mg \cdot mL^{-1}$；K_L 为吸附分配系数，$L \cdot mg^{-1}$；Q_m 为表观最大吸附容量，$mg \cdot g^{-1}$。

Freundlich 等温吸附模型非线性和线性方程如下[32]

$$Q_e = K_F C_e^{1/n}$$

$$\lg Q_e = \lg K_F + \lg C_e / n$$

式中，K_F 为吸附平衡常数。通常情况下，$1/n$ 的数值在 0～1 之间，其值的大小表示浓度对吸附容量影响的强弱；其值越接近 0，吸附性能越好；其值在 0.1～0.5，属于容易吸附类型；当 $1/n>2$，属于难以吸附类型；K_F 可视为单位浓度时的吸附容量，一般情况下，K_F 随着温度的升高而降低。

使用 Langmuir 与 Freundlich 吸附等温方程进行分析，图 2-10 为 Langmuir 和 Freundlich 等温吸附模型非线性回归拟合结果。如图 2-10 和表 2-2 所示，核壳表面分子印迹纳米微球对目标分子胸腺五肽的吸附符合 Langmuir 吸附方程。核壳表面分子印迹纳米微球的表面印迹壳层是使用表面印迹技术制备的。通过这种方法所制备的分子印迹材料，其印迹位点仅分布在表面印迹壳层中，而且此吸附过程比较单一。在较低浓度的胸腺五肽溶液中，主要为单分子层吸附，更符合 Langmuir 等温吸附模型。核壳表面分子印迹纳米微球和非印迹纳米微球对胸腺五肽的吸附分配系数分别为 $0.0155L \cdot mg^{-1}$ 和 $0.0113L \cdot mg^{-1}$，表明印迹孔穴的存在和印迹孔穴中功能位点对胸腺五肽的特异性识别作用，在对胸腺五肽的再识别过程中，核壳表面分子印迹纳米微球对胸腺五肽较非印迹纳米微球具有更强的结合能力。

表 2-2　核壳表面分子印迹纳米微球和非印迹纳米微球对胸腺五肽的吸附常数

吸附模型	Langmuir				Freundlich		
吸附剂	Q_e /mg $\cdot$ g^{-1}	Q_m /mg $\cdot$ g^{-1}	K_L /L $\cdot$ mg^{-1}	相关系数	K_F /mg $\cdot$ g^{-1}	$1/n$	相关系数
核壳表面分子印迹纳米微球	38.4	50.8	0.0155	0.9786	76.79	0.4173	0.8083
非印迹纳米微球	20.6	29.2	0.0113	0.9949	38.70	0.4174	0.9481

2.4.3 吸附动力学行为

吸附动力学行为是研究吸附剂对吸附质随时间的响应能力，通常使用吸附动力学曲线来表征。该曲线可以反映在同等温度条件下，吸附剂对吸附质的吸附量随时间的变化情况。如图 2-11 所示，在最初的 30min 内，核壳表面分子印迹纳米微球对胸腺五肽的吸附量随时间急剧增加，且吸附量可达到平衡吸附量的 **88.0%**。在接下来的 30～90min，核壳表面分子印迹纳米微球对胸腺五肽的吸附量随时间的增加而变缓。核壳表面分子印迹纳米微球的表面印迹壳层具有大量的印迹位点，这些印迹位点可以很容易被模板分子胸腺五肽结合。在最初的 30min 内，吸附量的急剧增加可能是由咪唑鎓基团的存在引起的。咪唑鎓基团解离后带正电，可以与模板分子胸腺五肽的带负电的位点羧酸根产生较强的静电相互作用[33]。此外，在制备核壳表面分子印迹纳米微球的过程中所使用的甲基丙烯酸与胸腺五肽的氨基形成的静电和氢键相互作用也可以提高吸附速率。即印迹孔穴中的咪唑鎓基团和羧基基团与胸腺五肽的带相反电荷的基团形成的静电相互作用、印迹孔穴中具有氢键位点的功能基团与胸腺五肽的基团形成的氢键相互作用都可以促进印迹孔穴与胸腺五肽的相互匹配，从而使得核壳表面分子印迹纳米微球对胸腺五肽的吸附速率在最初的 30min 急剧增加。然而，由于非印迹纳米微球没有模板分子胸腺五肽的印迹孔穴，导致咪唑鎓基团很有可能被聚合物壳层包埋，且甲基丙烯酸的功能基团在聚合过程中是随意分布的，使得非印迹纳米微球对胸腺五肽的吸附是非特异性的且吸附量较低。因此，核壳表面分子印迹纳米微球对胸腺五肽的吸附可归因于分子印迹效应。

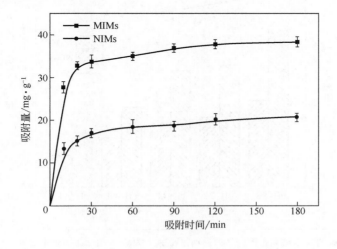

图 2-11

核壳表面分子印迹纳米微球（MIMs）和非印迹纳米微球（NIMs）对胸腺五肽的吸附动力学曲线

2.4.4　体系 pH 值的影响

pH 值是影响表面分子印迹纳米微球识别吸附性能的一个非常重要的因素。因此，需要通过改变吸附溶液的 pH 值来研究核壳表面分子印迹纳米微球对胸腺五肽的识别吸附性能。

胸腺五肽是一种生物极性多肽，具有 4 个氨基，其中 3 个氨基带正电，1 个不带电但是有极性，此外，胸腺五肽还具有 2 个可解离的羧基。据报道聚甲基丙烯酸的 pK_a 介于 6～7 之间[34]，因此核壳表面分子印迹纳米微球的印迹壳层中的羧基在不同 pH 值下会呈现不同程度的电离，从而导致羧基的带电程度不同。当核壳表面分子印迹纳米微球的印迹壳层的 pK_a 高于吸附溶液的 pH 值时，核壳表面分子印迹纳米微球的羧基负电结合位点会更多；因此，当吸附溶液的 pH 值高于 7 时，核壳表面分子印迹纳米微球与胸腺五肽会形成较强的静电相互作用。相反，如图 2-12 所示，当吸附溶液的 pH 值小于 6 时，模板分子胸腺五肽很容易从核壳表面分子印迹纳米微球的印迹孔穴中洗脱。此外，在碱性条件下，印迹因子会高于在酸性条件下的印迹因子，这说明核壳表面分子印迹纳米微球对胸腺五肽的吸附和识别具有 pH 敏感特性。此外，研究结果与洗脱条件也是一致，这也说明，在酸性条件下，胸腺五肽可以从核壳表面分子印迹纳米微球的印迹孔穴中被洗脱出来。

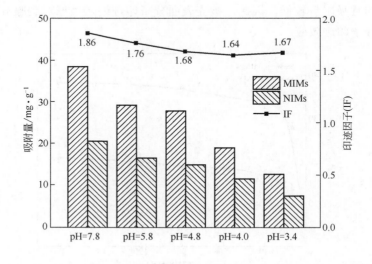

图 2-12

不同 pH 值的吸附溶液中核壳表面分子印迹纳米微球（MIMs）和非印迹纳米微球（NIMs）对胸腺五肽的识别吸附性能

2.4.5　离子强度的影响

核壳表面分子印迹纳米微球的印迹壳层对模板分子胸腺五肽的吸附和识别主要是由静电和氢键相互作用引起的。因此，吸附溶液中的离子强度对于整个吸附和识别过程是非常重要的。选择人体环境中普遍存在的盐，即 NaCl 作为吸附溶液中离子强度的调节剂。从图 2-13 中可以看出，随着 NaCl 用量的增加，核壳表面分子印迹纳米微球对胸腺五肽的吸附量显著降低，这表明核壳表面分子印迹纳米微球对胸腺五肽的结合主要是静电相互作用。当 NaCl 的浓度为 10mmol·L^{-1}时，核壳表面分子印迹纳米微球对胸腺五肽的吸附量降低约21.4%。此研究表明，离子强度的增加不仅抑制了核壳表面分子印迹纳米微球的带正电的咪唑鎓基团和胸腺五肽的带负电的羧基基团之间的静电相互作用，而且抑制了核壳表面分子印迹纳米微球的带负电的羧基基团和胸腺五肽的带正电的氨基基团之间的静电相互作用。此外，由于 Na$^+$和 Cl$^-$的存在，核壳表面分子印迹纳米微球的印迹壳层和胸腺五肽之间的氢键相互作用也会受到影响。Y. Gao 等[35]在研究中也得到了类似的结果。而对于非印迹纳米微球，虽然非印迹纳米微球对模板分子胸腺五肽没有特异性识别作用，其表面的功能基团同样也受到离子强度的影响，其吸附量也会随着离子强度的增加而降低。

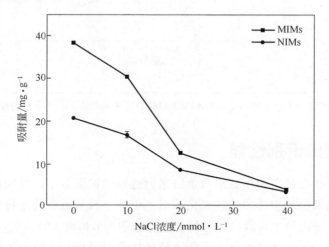

图 2-13

不同离子强度的吸附溶液中核壳表面分子印迹纳米微球（MIMs）和非印迹纳米微球（NIMs）对胸腺五肽的吸附性能

2.4.6　温度的影响

众所周知，溶液中分子的运动状态受溶液温度的影响。因此，核壳表面分子印迹纳米微球和模板分子胸腺五肽之间的多重相互作用会受到吸附溶液温度的影响。如图 2-14 所示，在吸附溶液的温度低于 30℃时，核壳表面分子印迹纳米微球对胸腺五肽的吸附量变化不明显。然而，当吸附溶液的温度继续升高时，核壳表面分子印迹纳米微球对胸腺五肽的吸附量显著降低。结果表明，核壳表面分子印迹纳米微球和模板分子胸腺五肽之间的相互作用在温度较高时更容易受到影响，即吸附溶液的温度较高，不利于核壳表面分子印迹纳米微球与模板分子胸腺五肽之间的结合。由于非印迹纳米微球对模板分子胸腺五肽没有特异性识别作用，非印迹纳米微球对于胸腺五肽的结合仅仅是靠表面的功能基团，但由于不同温度下分子热运动程度不同，其对胸腺五肽的吸附量同样也会受到温度的影响。

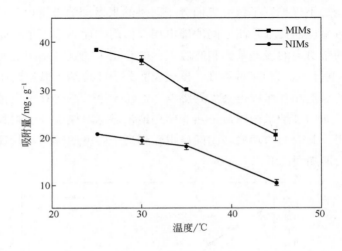

图 2-14

不同温度下核壳表面分子印迹纳米微球（MIMs）和非印迹纳米微球（NIMs）对胸腺五肽的吸附性能

2.4.7 选择识别性能

选择牛血红白蛋白和牛血清白蛋白作为选择性识别分子，分别研究了核壳表面分子印迹纳米微球和非印迹纳米微球对模板分子胸腺五肽的选择识别性能的影响。牛血红白蛋白和牛血清白蛋白的等电点分别为 6.8 和 4.8。

如图 2-15 所示，核壳表面分子印迹纳米微球对模板分子胸腺五肽具有较高的选择识别性能，而对牛血红白蛋白和牛血清白蛋白的选择识别性能很差。这是由于牛血红白蛋白和牛血清白蛋白的三维尺寸和胸腺五肽具有很大的差异。胸腺五肽、牛血红白蛋白和牛血清白蛋白的三维空间结构尺寸如图 2-16 所示。胸腺五肽仅有 5 个氨基酸残基，空间结构较小，而牛血红白蛋白和牛血清白蛋白的氨基酸残基数目很多，其体积比胸腺五肽大很多。因此，使用胸腺五肽作为模板分子制备的印迹孔穴是非常小的，仅适合较小体积的胸腺五肽分子的进入与结合，如此小的孔穴不利于如牛血红白蛋白和牛血清白蛋白这样尺寸较大的生物大分子进入。

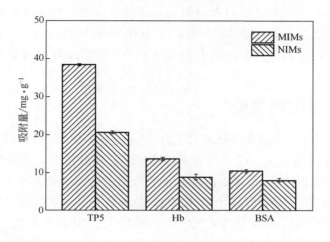

图 2-15

核壳表面分子印迹纳米微球（MIMs）和非印迹纳米微球（NIMs）对胸腺五肽、牛血红白蛋白和牛血清白蛋白的选择识别性能
TP5—胸腺五肽；Hb—牛血红白蛋白；BSA—牛血清白蛋白

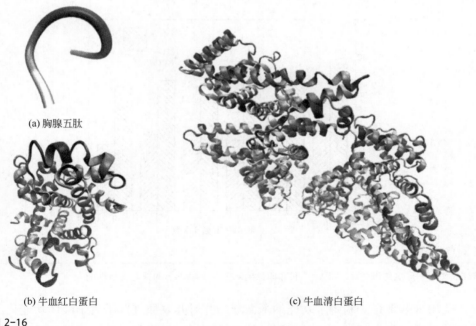

(a) 胸腺五肽

(b) 牛血红白蛋白

(c) 牛血清白蛋白

图 2-16

生物分子的三维空间结构尺寸

此外，分析了牛血红白蛋白及牛血清白蛋白的末端的氨基酸片段序列，牛血红白蛋白和牛血清白蛋白没有和胸腺五肽相似的片段存在。因此，核壳表面分子印迹纳米微球对牛血红白蛋白和牛血清白蛋白的吸附仅仅是靠核壳表面分子印迹纳米微球表面的少量结合位点，而不存在印迹效应。此外，图 2-16 也表明，相比于非印迹纳米微球，核壳表面分子印迹纳米微球对胸腺五肽具有更高的结合能力。

2.4.8 重复使用性能

在实际应用中，重复使用性能对于分子印迹材料是非常重要的。因此，通过吸附-解吸附实验研究了核壳表面分子印迹纳米微球对模板分子胸腺五肽结合性能的影响。如图 2-17 所示，在 6 次吸附-解吸附之后，核壳表面分子印迹纳米微球对胸腺五肽的吸附性能降低了约 15.6%。这是由于反复的洗脱导致了部分结合位点被洗脱溶剂破坏，包括印迹孔穴的形状和印迹孔穴中的印迹位点。因此，这些被破坏的结合位点不利于对模板分子胸腺五肽的准确识别。而对于非印迹纳米微球，结合位点都是非特异性的；因此，洗脱过程对结合位点的影响不大，非印迹纳米微球对模板分子胸腺五肽的吸附量没有确定的变化规律。以上研究表明，核壳表面分子印迹纳米微球具有一定的可再生使用性能，具有在实际中应用的潜力。

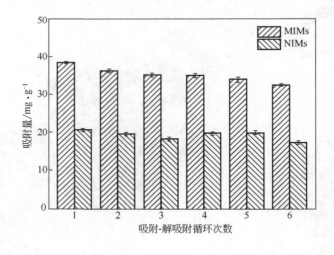

图 2-17

核壳表面分子印迹纳米微球（MIMs）和非印迹纳米微球（NIMs）的重复使用性能

采用分散聚合法制备了功能纳米微球，并对其表面进行了离子液体功能化改性以使其表面具有可进一步进行聚合的双键基团。以胸腺五肽为模板分子，制备了核壳表面分子印迹纳米微球，巧妙地将离子液体的性质应用于分子印迹领域。

分子动力学模拟研究表明，随动力学时间的增长，胸腺五肽在水相中的结构可以保持稳定。因此，胸腺五肽作为制备分子印迹材料的模板分子是适合的。通过分散聚合法，以聚乙二醇甲基丙烯酸酯、N-乙烯基咪唑为功能单体和乙二醇二甲基丙烯酸酯为交联剂制备的纳米微球载体，与通过悬浮聚合法所得的纳米微球相比，具有更小的粒径、更大的比表面积和更多的结合位点。在核壳表面分子印迹纳米微球对模板分子胸腺五肽的静态识别吸附研究中，核壳表面分子印迹纳米微球对胸腺五肽的饱和吸附量为 $50.8\text{mg} \cdot \text{g}^{-1}$。当胸腺五肽的浓度为 $0.2\text{mg} \cdot \text{mL}^{-1}$ 时，印迹因子达到 1.86，表明核壳表面分子印迹纳米微球对模板分子胸腺五肽具有显著的识别性能。这种显著的识别性能是由于在印迹的过程中，胸腺五肽与核壳表面分子印迹纳米微球的印迹壳层中的咪唑鎓基团和甲基丙烯酸的功能基团之间通过各种弱相互作用产生了与胸腺五肽的功能基团相匹配的印迹位点，从而决定了核壳表面分子印迹纳米微球对胸腺五肽的高度亲和能力和特异识别性能。核壳表面分子印迹纳米微球表面印迹壳层中的印迹孔穴位点的存在，使得核壳表面分子印迹纳米微球对胸腺五肽的吸附在最初的吸附阶段具有较快的吸附速率。由于胸腺五肽是一种生物极性分子，而且核壳表面分子印迹纳米微球的表面印迹壳层中具有可离子化的咪唑鎓和羧基功能基团，使得核壳表面分子印迹纳米微球对胸腺五肽的吸附和识别具有 pH 敏感特性。此外，研究结果还表明，离子强度和温度对核壳表面分子印迹纳米微球的吸附性能也有较为显著的影响。

参考文献

[1] Stocker B L, Dangerfield E M, Win-Mason A L, et al. Molecular imprinting for the recognition of N-terminal histidine peptides in aqueous solution [J]. Macromolecules, 2002, 35(16): 6192-6201.

[2] Hart B R, Shea K J. Synthetic peptide receptors: Molecularly imprinted polymers for the recognition of peptides using peptide-metal interactions [J]. Journal of the American Chemical Society, 2001, 123(9): 2072-2073.

[3] Cormack P A G, Elorza A Z. Molecularly imprinted polymers: Synthesis and characterization [J]. Journal of Chromatography B, 2004, 804(1): 173-182.

[4] Verheyen E, Schillemans J P, Van W M, et al. Challenges for the effective molecular imprinting of proteins [J]. Biomaterials, 2011, 32(11): 3008-3020.

[5] Lin C I, Joseph A K, Chang C K, et al. Synthesis and photoluminescence study of molecularly imprinted polymers appended onto CdSe/ZnS core-shells [J]. Biosensors & Bioelectronics, 2004, 20(1): 127-131.

[6] Lin C I, Joseph A K, Chang C K, et al. Molecularly imprinted polymeric film on semiconductor nanoparticles analyte detection by quantum dot photoluminescence [J]. Journal of Chromatography A, 2004, 1027(1-2): 259-262.

[7]   Wang H, Zou M, Na L, et al. Preparation and characterization of ionic liquid intercalation compounds into layered zirconium phosphates [J]. Journal of Materials Science, 2007, 42(18): 7738-7744.

[8]   Liu Y H, Lin C W, Chang M C, et al. The hydrothermal analogy role of ionic liquid in transforming amorphous TiO₂, to anatase TiO₂: Elucidating effects of ionic liquids and heating method [J]. Journal of Materials Science, 2008, 43(14): 5005-5013.

[9]   Liu Z T, Shen L H, Liu Z W, et al. Acetylation of β-cyclodextrin in ionic liquid green solvent [J]. Journal of Materials Science, 2009, 44(7): 1813-1820.

[10] Han D, Row K H. Recent applications of ionic liquids in separation technology [J]. Molecules, 2010, 15(15): 2405-2426.

[11] Nagaraju G, Manjunath K, Ravishankar T N, et al. Ionic liquid-assisted hydrothermal synthesis of TiO₂, nanoparticles and its application in photocatalysis [J]. Journal of Materials Science, 2013, 48(24): 8420-8426.

[12] Olsson C, Hedlund A, Idström A, et al. Effect of methylimidazole on cellulose/ionic liquid solutions and regenerated material therefrom [J]. Journal of Materials Science, 2014, 49(9): 3423-3433.

[13] Berthod A, Ruizangel M J, Cardabroch S. Ionic liquids in separation techniques [J]. Journal of Chromatography A, 2008, 1184(1-2): 6-18.

[14] Yang Q, Xing H, Su B, et al. Improved separation efficiency using ionic liquid-cosolvent mixtures as the extractant in liquid-liquid extraction: A multiple adjustment and synergistic effect [J]. Chemical Engineering Journal, 2012, 181: 334-342.

[15] Tian M, Bi W, Row K H. Molecular imprinting in ionic liquid-modified porous polymer for recognitive separation of three tanshinones from Salvia miltiorrhiza, Bunge [J]. Analytical and Bioanalytical Chemistry, 2011, 399(7): 2495-2502.

[16] Guo L, Deng Q, Fang G, et al. Preparation and evaluation of molecularly imprinted ionic liquids polymer as sorbent for on-line solid-phase extraction of chlorsulfuron in environmental water samples [J]. Journal of Chromatography A, 2011, 1218(37): 6271-6277.

[17] Bi W, Tian M, Row K H. Separation of phenolic acids from natural plant extracts using molecularly imprinted anion-exchange polymer confined ionic liquids [J]. Journal of Chromatography A, 2012, 1232(7): 37-42.

[18] Luo X, Zhan Y, Tu X, et al. Novel molecularly imprinted polymer using 1-(α-methyl acrylate)-3-methylimidazolium bromide as functional monomer for simultaneous extraction and determination of water-soluble acid dyes in wastewater and soft drink by solid phase extraction and high performance liquid chromatography [J]. Journal of Chromatography A, 2011, 1218(8): 1115-1121.

[19] Liu H, Fang G, Li C, et al. Molecularly imprinted polymer on ionic liquid-modified CdSe/ZnS quantum dots for the highly selective and sensitive optosensing of tocopherol [J]. Journal of Materials Chemistry, 2012, 22(37): 19882-19887.

[20] Fan J P, Li L, Tian Z Y, et al. Synthesis and evaluation of uniformly sized synephrine-imprinted microparticles prepared by precipitation polymerization [J]. Separation Science and Technology, 2014, 49(2): 258-266.

[21] Okubo M, Yamada A, Matsumoto T. Estimation of morphology of composite polymer

emulsion particles by the soap titration method [J]. Journal of Polymer Science Polymer Chemistry Edition, 1980, 18(11): 3219-3228.

[22] Okubo M, Ikegami K, Yamamoto Y. Preparation of micron-size monodisperse polymer microspheres having chloromethyl group [J]. Colloid and Polymer Science, 1989, 267(3): 193-200.

[23] Desimone J M, Maury E E, Menceloglu Y Z, et al. Dispersion polymerizations in super-critical carbon dioxide [J]. Science, 1994, 265(5170): 356-359.

[24] Shanthi C N, Gupta R, Mahato A K. Traditional and emerging applications of microspheres: A review [J]. International Journal of Pharmtech Research, 2010, 2(1): 675-681.

[25] Uğuzdoğan E, Denkbaş E B, Oztürk E, et al. Preparation and characterization of polyethyleneglycolmethacrylate (PEGMA)-co-vinylimidazole (VI) microspheres to use in heavy metal removal [J]. Journal of Hazardous Materials, 2008, 162(2-3): 1073-1080.

[26] Lane T J, Nakagawa I, Walter J L, et al. Infrared investigation of certain imidazole derivatives and their metal chelates [J]. Inorganic Chemistry, 1962, 1(2): 267-276.

[27] Seah M P, Brown M T. Validation and accuracy of peak synthesis software for XPS [J]. Journal of Electron Spectroscopy & Related Phenomena, 1998, 95(1): 71-93.

[28] Speckmann H D, Haupt S, Strehblow H H. A quantitative surface analytical study of electrochemically-formed copper oxides by XPS and X-ray-induced Auger spectroscopy [J]. Surface and Interface Analysis, 1988, 11(3): 148-155.

[29] Guan G, Zhang S, Liu S, et al. Protein induces layer-by-layer exfoliation of transition metal dichalcogenides [J]. Journal of the American Chemical Society, 2015, 137(19): 6152-6155.

[30] Yang Z, Ge C, Liu J, et al. Destruction of amyloid fibrils by graphene through penetration and extraction of peptides [J]. Nanoscale, 2015, 7(44): 18725-18737.

[31] Song R, Hu X, Guan P, et al. Molecularly imprinted solid-phase extraction of glutathione from urine samples [J]. Materials Science and Engineering: C, 2014, 44: 69-75.

[32] Yin D, Ulbricht M. Protein-selective adsorbers by molecular imprinting via a novel two-step surface grafting method [J]. Journal of Materials Chemistry B, 2013, 1(25): 3209-3219.

[33] Wang C, Howell M, Raulji P, et al. Preparation and characterization of molecularly imprinted polymeric nanoparticles for atrial natriuretic peptide (ANP) [J]. Advanced Functional Materials, 2011, 21(23): 4423-4429.

[34] Guo C, Hu F, Li C M, et al. Direct electrochemistry of hemoglobin on carbonized titania nanotubes and its application in a sensitive reagentless hydrogen peroxide biosensor [J]. Biosensors & Bioelectronics, 2008, 24(4): 819-824.

[35] Gao Y, Li Y, Zhang L, et al. Adsorption and removal of tetracycline antibiotics from aqueous solution by graphene oxide [J]. Journal of Colloid & Interface Science, 2012, 368(368): 540-546.

第3章

多识别位点核壳表面分子
印迹纳米微球

3.1 引言

  近年来，将分子印迹技术应用于对生物分子的分离和提纯已经成为了研究热点[1,2]。在对生物分子的识别中，非共价印迹技术主要涉及几种弱作用力，包括静电相互作用（20～80kcal·mol^{-1}，1cal=4.1868J）、金属配位作用（20～50kcal·mol^{-1}）、氢键作用（1～30kcal·mol^{-1}）、π-π 堆叠作用（0～12kcal·mol^{-1}）以及疏水作用（0～1.5kcal·mol^{-1}）等[3]。在这些弱相互作用中，非方向性的弱相互作用可以提高对目标分子的吸附能力，而方向性的弱相互作用则可以显著提高对目标分子的特异性识别能力。由于静电作用和金属配位作用的作用力比其他弱相互作用力更强一些，因此，二者受到了众多研究者的青睐[4,5]。对于分子印迹聚合物而言，特异识别性能是最主要的性能之一。然而，考虑到分子印迹聚合物在实际中的应用，分子印迹聚合物对目标分子的吸附量也应是不容忽视的一个性能指标。由于咪唑类离子液体结构的特殊性，即存在与模板分子相互作用的多种作用位点，将咪唑类离子液体应用于对生物分子的分离和识别，无论在作用位点的结合还是空间结构的匹配上，都将是非常有效的。

  以聚乙二醇甲基丙烯酸酯和乙烯基咪唑为共聚单体制备的聚（聚乙二醇甲基丙烯酸酯-乙烯基咪唑）[6]，由于聚乙二醇甲基丙烯酸酯和乙烯基咪唑均只有一个不饱和双键，而且在聚合的过程中，交联剂乙二醇二甲基丙烯酸酯用量（摩尔分数）仅约为所有不饱和单体的21%，这使得制备的纳米微球的交联度不高，导致其在溶剂中会产生溶胀。因此，当将离子液体功能化的纳米微球应用于制备分子印迹微球时，由于溶剂的影响，微球的形状和大小会发生改变，导致在制备分子印迹微球时，微球中的印迹孔穴会发生不同程度的改变，从而降低分子印迹微球对模板分子的选择识别性。

在探索制备的分子印迹微球的选择识别性能时，通常选用的选择性识别分子为血红蛋白和牛血清白蛋白。然而选择识别分子的空间结构与胸腺五肽的尺寸相差悬殊，这使得在体现分子印迹微球对胸腺五肽的特异识别性能上有一定的局限性。为了更充分地体现由模板分子的空间结构与尺寸所引起的分子印迹效应，选取与胸腺五肽结构具有相似特征片段的分子作为选择性识别分子或竞争分子是很有必要的。

基于以上考虑，选择计算精度较高的以量子力学为基础的密度泛函(DFT/B3LYP)方法，结合 6-31G+(d,p)基组，使用连续介质模型[7]，研究模板分子胸腺五肽与竞争分子人体免疫六肽的分子结构和空间尺寸的差异。选择带有两个不饱和双键的聚乙二醇二甲基丙烯酸酯取代只有一个双键的聚乙二醇甲基丙烯酸酯作共聚单体制备纳米微球，从而提高纳米微球在作为载体时的交联度以降低纳米微球在溶剂中的溶胀度，这对降低分子印迹微球在溶剂中的溶胀度是很有必要的。此外，使用一种新型的具有多重作用位点的离子液体作为交联剂，选择具有优异氢键供体位点的丙烯酰胺作为功能单体，制备具有多识别位点的核壳表面分子印迹纳米微球。

3.2 多识别位点核壳表面分子印迹纳米微球的制备

（1）高交联纳米微球载体的制备

高交联纳米微球载体的制备方法如下。称取聚乙烯吡咯烷酮（0.75g）加入无水乙醇（40mL）中，超声分散均匀。然后，分别加入聚乙二醇二甲基丙烯酸酯（2.0mL）、N-乙烯基咪唑（1.0mL）、乙二醇二甲基丙烯酸酯（0.8mL）和偶氮二异丁腈（0.1g）并搅拌均匀，通氮气除氧 15min 后，置于磁力搅拌水浴装置中，升温至 85℃反应 4h 后，再升温至 90℃反应 1h。反应结束后，所得产物经离心分离、无水乙醇抽洗，真空干燥至衡重，即可获得高交联纳米微球载体 P(PEGDMA-VI)。

（2）表面离子液体功能化

如图 3-1 所示，将 P(PEGDMA-VI)（0.5g）、无水乙醇（50mL）和氯乙酸丙烯酯依次加入 100mL 单口石英烧瓶中，超声分散均匀，通氮气除氧 15min 后，置于磁力搅拌水浴装置中，逐渐升温至 52℃反应 12h。反应结束后，所得产物经离心分离、无水乙醇抽洗，真空干燥至衡重，即可获得离子液体功能化的高交联纳米微球载体 P(PEGDMA-VI)@IL。氯乙酸丙烯酯的加入量分别为 0.4mL、0.6mL、0.8mL 和 1.0mL，得到的纳米微球分别为 P(PEGDMA-VI)@IL(1)、P(PEGDMA-VI)@IL(2)、P(PEGDMA-VI)@IL(3)和 P(PEGDMA-VI)@IL(4)。

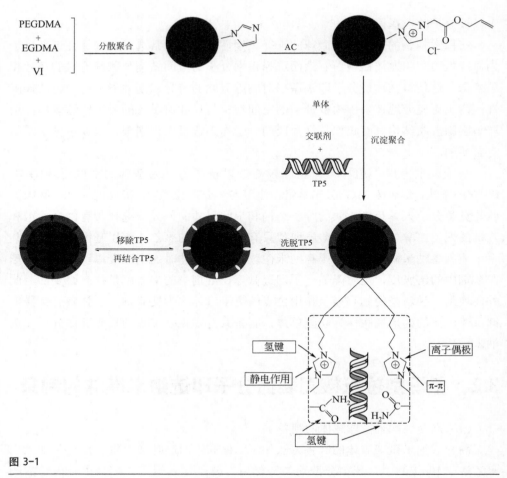

图 3-1

P(PEGDMA-VI)、P(PEGDMA-VI)@IL 和 HCCSMIMs 的制备示意图
PEGDMA—聚乙二醇二甲基丙烯酸酯；EGDMA—乙二醇二甲基丙烯酸酯；VI—*N*-乙烯基咪唑；AC—氯乙酸丙烯酯；TP5—胸腺五肽

（3）离子液体交联剂的合成

将氯乙酸丙烯酯（5mL，41.3mmol）和 *N*-乙烯基咪唑（5mL，55.2mmol）先后加入乙酸乙酯（20mL）溶液中，搅拌均匀，然后将其置于磁力搅拌水浴装置中，升温至 52℃，反应 24h。倾出上层的溶液，将下层的棕色黏稠液体用乙酸乙酯反复洗涤后，真空干燥 72h，得离子液体交联剂 1-(α-乙酸丙烯酯)-3-乙烯基咪唑氯。利用核磁共振仪对 1-(α-乙酸丙烯酯)-3-乙烯基咪唑氯的结构和纯度进行表征。图 3-2 表明，产物中除了溶剂峰，几乎没有残留的反应物。

（4）多识别位点核壳表面分子印迹纳米微球的制备过程

如图 3-1 所示，将 P(PEGDMA-VI)@VI（80mg）、体积比为 3：5 的乙腈/水混

合溶液（40mL）、胸腺五肽（5.0mg）、丙烯酰胺（100μL）、1-(α-乙酸丙烯酯)-3-乙烯基咪唑氯（800μL）依次加入100mL单口石英烧瓶中并搅拌均匀，超声分散均匀，并用0.1mol·L⁻¹的NaOH溶液将溶液pH值调至9.0，然后加入偶氮二异丁腈（12.0mg），通氮气除氧30min后，置于磁力搅拌水浴装置中，升温至60℃反应8h。反应结束后，所得产物经离心分离、体积比为9∶1的无水乙醇和醋酸混合溶液抽洗，真空干燥至衡重，可获得多识别位点核壳表面分子印迹纳米微球HCCSMIMs。非印迹纳米微球HCCSNIMs的制备方法与HCCSMIMs一致，但是在合成时不加入胸腺五肽。

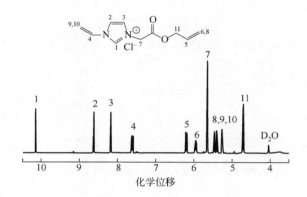

图 3-2

离子液体1-(α-乙酸丙烯酯)-3-乙烯基咪唑氯的核磁共振谱图

3.3　多识别位点核壳表面分子印迹纳米微球的表征

3.3.1　高交联纳米微球载体的表征

　　以聚乙二醇甲基丙烯酸酯和N-乙烯基咪唑为共聚单体制备的纳米微球，由于聚乙二醇甲基丙烯酸酯和N-乙烯基咪唑均只有一个不饱和双键，而且在聚合的过程中，交联剂乙二醇二甲基丙烯酸酯的物质的量较小，这使得制备的纳米微球的交联度不高，导致纳米微球在溶剂中产生溶胀。如图3-3（a）所示，为了提高纳米微球的交联度以降低纳米微球在溶剂中的溶胀度，选择带有两个不饱和双键的聚乙二醇二甲基丙烯酸酯取代只有一个双键的聚乙二醇甲基丙烯酸酯为共聚单体制备纳米微球，这对于降低分子印迹纳米微球在溶剂中的溶胀度是很有必要的。如图3-3（b）所示，聚乙二醇二甲基丙烯酸酯、N-乙烯基咪唑和乙二醇二甲基丙烯酸酯是通过自由基引发聚合制备高交联纳米微球载体P(PEGDMA-VI)。

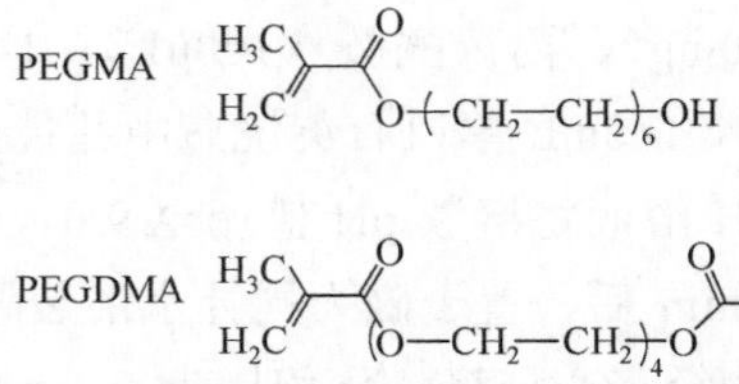

(a) 单体聚乙二醇甲基丙烯酸酯和聚乙二醇二甲基丙烯酸酯的结构式

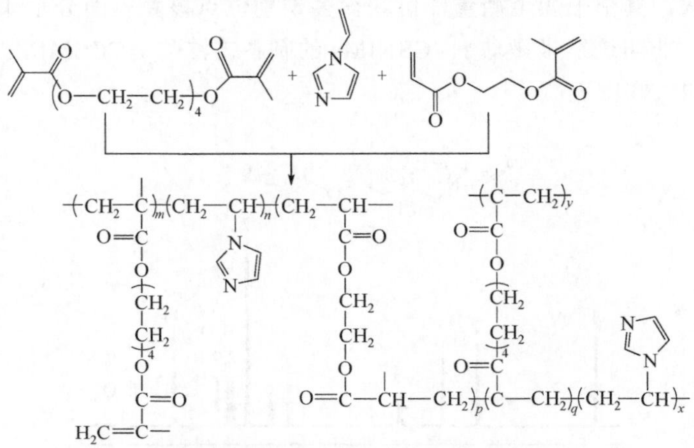

(b) 高交联纳米微球载体P(PEGDMA-VI)的聚合机理

图 3-3

聚合反应机理

　　如表 3-1 所示，E. Uğuzdoğan 等[8]研究了纳米微球 P(PEGMA-VI)的溶胀性能，其溶胀度高达 150%，而纳米微球 P(PEGDMA-VI)的溶胀度只有约 20%。较低溶胀度的高交联纳米微球作为制备分子印迹纳米微球的载体对于提高其特异性识别性能是很有利的。由于聚乙二醇二甲基丙烯酸酯没有羟基基团，聚乙二醇二甲基丙烯酸酯的使用可能会降低微球的亲水性。但是，由于离子液体功能化反应会增加微球表面的亲水性，所以微球表面的亲水性并不会受到影响。

表 3-1　P(PEGDMA-VI)和 P(PEGMA-VI)的单体配比及在水中的溶胀度

纳米微球	配比	溶胀度/%
P(PEGDMA-VI)	PEGDMA：VI：EGDMA=2：1：0.5	20
P(PEGMA-VI)	PEGMA：VI：EGDMA=2：1：0.5	150

3.3.2　表面离子液体功能化表征

　　首先对得到的高交联纳米微球载体 P(PEGDMA-VI)进行离子液体功能化改性。此外，为了在 P(PEGDMA-VI)的表面接枝更多的双键，并引入可提供静电作用位点的咪唑鎓功能基团以固载更多的模板分子胸腺五肽，离子液体功能化改性也是十分有必要的。离子液体功能化的 P(PEGDMA-VI)，即 P(PEGDMA-VI)@IL，其红外光谱与 P(PEGDMA-VI)具有相似的特征振动峰，这是由于 P(PEGDMA-VI)与 P(PEGDMA-VI)@IL 的特征功能基团比较相似。此外，红外光谱研究的是块状的材料而不能针对性地研究材料的表面，因此使用红外光谱来表征离子液体功能化反应的能力是非常有限的。X 射线光电子能谱仪是研究材料表面结构，尤其是表面接枝最有力的表征手段之一，而且 X 射线光电子能谱仪常被用于研究材料表面的元素组成及表面元素的化学状态[9,10]。虽然使用高斯-洛伦兹比函数对材料表面的元素进行定量分析时，得到的元素的含量不够精确，但它仍然可以充分表征材料表面的接枝情况。

如图 3-4（a）所示，所有微球表面均存在 C、N 和 O 三种元素。如图 3-4（b）和（c）所示，虽然 N 和 Cl 的含量相对较低，但在较高的分辨率下，可以清楚地观测到 N 和 Cl 的含量发生改变。此外，微球表面离子液体功能化反应的成功与否可以通过微球表面的 N 含量来确定。经离子液体功能化后，纳米微球表面的 N 含量从 5.81%降到了 3.94%，说明离子液体功能化反应的实现。随着离子液体功能化反应中所使用的功能化试剂氯乙酸丙烯酯含量的增加，越来越多的咪唑基团

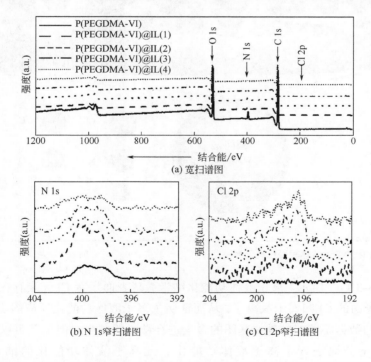

图 3-4

离子液体功能化的高交联纳米微球载体的 X 射线光电子能谱图

被功能化。然而，继续增加氯乙酸丙烯酯的用量并不会明显降低 N 含量。不同离子液体功能化程度的纳米微球表面的 N 含量改变可以通过以下方式来解释。

图 3-5 为离子液体功能化的纳米微球表面结构示意图。当离子液体功能化后的微球表面的烷基链较长时，由于长烷基链的存在，X 射线无法完全探测到咪唑环上的 N。因此，如表 3-2 所示，与表面未离子液体功能化的 P(PEGDMA-VI)表面的 N 含量相比，P(PEGDMA-VI)@IL(1)的表面 N 含量降低了 1.87 个百分点。在离子液体功能化后，由于咪唑基团上的 N 被烷基链遮蔽，导致部分 N 无法被检测到。而且，随着氯乙酸丙烯酯用量的增加，N 含量持续降低，直到达到稳定值 3.36%。T. Iwahashi 等[11]在研究中也得到了相似的结果，即离子液体的烷基链从材料表面伸向真空的一侧，从而遮蔽了咪唑鎓基团和阴离子。

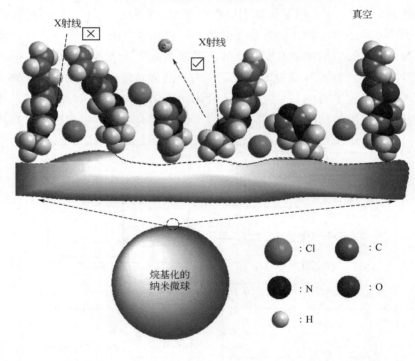

图 3-5

离子液体功能化的纳米微球表面结构示意图

如图 3-3（c）所示，离子液体功能化纳米微球表面还有 Cl 元素存在，所检测到的微球表面的 Cl 归属于氯离子，从而证明了离子液体功能化反应的实现。尽管表 3-2 中的数据不能对咪唑鎓基团的含量进行精确的定量，但仍然可以确定载体纳米微球充分地进行了离子液体功能化。此离子液体功能化的纳米微球即 P(PEGDMA-VI)@IL，将作为制备表面分子印迹纳米微球的前驱体。

表 3-2　纳米微球的表面化学元素组成及含量

纳米微球	元素组成及含量/%			
	C	O	N	Cl
P(PEGDMA-VI)	68.50	25.78	5.81	0
P(PEGDMA-VI)@IL(1)	74.63	21.30	3.94	0.13
P(PEGDMA-VI)@IL(2)	75.47	21.05	3.33	0.15
P(PEGDMA-VI)@IL(3)	75.12	21.28	3.40	0.20
P(PEGDMA-VI)@IL(4)	75.43	20.98	3.36	0.23

3.3.3　多识别位点核壳表面分子印迹纳米微球的结构

以甲基丙烯酸和乙二醇二甲基丙烯酸酯为单体和交联剂制备的表面分子印迹纳米微球对模板分子胸腺五肽的吸附量为 $38.4mg \cdot g^{-1}$，印迹因子为 $1.86^{[9]}$。然而，由于印迹层的厚度无法有效控制，所以纳米微球的离子液体功能化对分子印迹纳米微球吸附能力的增强还无法得到有效证实。为了证明咪唑鎓基团对胸腺五肽具有较强的结合能力，如表 3-3 所示，设计了一系列的表面分子印迹纳米微球。

表 3-3　不同 HCCSMIMs 的单体和交联剂配比

配方		HCCSMIMs¹	HCCSMIMs²	HCCSMIMs³	HCCSMIMs*	HCCSNIMs*
单体/mmol	丙烯酰胺	0	0	0	1	1
交联剂/mmol	乙二醇二甲基丙烯酸酯	2	0	0	0	0
	N,N'-亚甲基双丙烯酰胺	0	2	0	0	0
	1-(α-乙酸丙烯酯)-3-乙烯基咪唑氯	0	0	4	4	4

不同表面分子印迹纳米微球的表面化学元素组成通过 X 射线光电子能谱仪进行研究，见表 3-4。相同功能单体用量所制备的 HCCSMIMs¹、HCCSMIMs² 和 HCCSMIMs³，其表面具有相同的元素 C、N 和 O。与 P(PEGDMA-VI)@IL 的 N 含量（3.40%）相比，HCCSMIMs¹、HCCSMIMs² 和 HCCSMIMs³ 的 N 含量分别为 0.16%、0.62% 和 1.44%。N 含量的明显变化表明乙二醇二甲基丙烯酸酯、N,N'-亚甲基双丙烯酰胺和 1-(α-乙酸丙烯酯)-3-乙烯基咪唑氯分别在 P(PEGDMA-VI)@IL 表面发生了聚合反应。为了更进一步研究乙二醇二甲基丙烯酸酯、N,N'-亚甲基双丙烯酰胺和 1-(α-乙酸丙烯酯)-3-乙烯基咪唑氯的聚合反应，分别对 HCCSMIMs¹、HCCSMIMs² 和 HCCSMIMs³ 的 N 1s 的 X 射线光电子能谱图进行了曲线拟合。如图 3-6 所示，在 HCCSMIMs¹ 和 HCCSMIMs³ 的谱图中有两个峰，结

合能分别为 398.5eV 和 400.6eV，分别对应于咪唑鎓基团上的两个 N，而且乙二醇二甲基丙烯酸酯与 1-(α-乙酸丙烯酯)-3-乙烯基咪唑氯聚合后 N 的含量有很大的改变。对于 HCCSMIMs[2]，其 N 1s 的 X 射线光电子能谱图在 398.6eV、400.6eV 和 401.1eV 处有三个峰，除了咪唑鎓基团上的两个 N，在 401.1eV 处的峰归属于 N,N'-亚甲基双丙烯酰胺的 N。以上分析结果表明，成功制备了 HCCSMIMs[1]、HCCSMIMs[2] 和 HCCSMIMs[3]。

表 3-4　不同 HCCSMIMs 的表面元素含量和对胸腺五肽的吸附性能

纳米微球	吸附量/mg·g^{-1}	元素组成及含量/%		
		C	O	N
HCCSMIM[1]	2.2	78.95	20.89	0.16
HCCSMIM[2]	7.6	73.06	26.31	0.62
HCCSMIM[3]	28.6	71.56	27.00	1.44
HCCSMIM[*]	95.1	74.53	23.44	2.03
HCCSNIM[*]	53.7	75.41	22.69	1.90

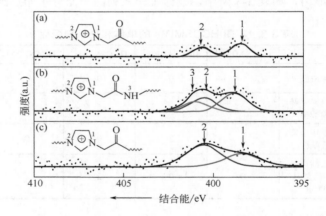

图 3-6

N 1s 高分辨 X 射线光电子能谱图
（a）HCCSMIMs[1]；（b）HCCSMIMs[2]；（c）HCCSMIMs[3]

　　在分子印迹聚合物的制备中，通常选择乙二醇二甲基丙烯酸酯、二乙烯基苯、N,N'-亚甲基双丙烯酰胺作为交联剂。这些交联剂的作用是：当交联剂与功能单体具有合适的摩尔比时，体系中的某一位点与客体相键合后不会阻止和抑制相邻其他位点的功能，也不会表现出和功能单体相同的作用，从而凸显功能单体的作用，以保持体系的印迹效率。也就是合适的交联剂不提供作用位点，仅仅是为了使制备的分子印迹聚合物具有交联状的网络结构才加入的，而作用位点由功能单体来提供。在众多关于分子印迹聚合物的研究中，也很少有对交联剂的种类特别深入的研究。功能单体的功能基团的特性比较单一，即使在同一体系中使用了多种功能单体，但由于这些单体在聚合过程中的聚合倾向无法被有效控制，尽管会得到具有多功能基团的分子印迹聚合物，对其结构的分析和研究还是存在很大的困难。因此，赋予交联剂和功能单体相似功能的研究是很有意义的。

将合成的具有多重作用位点的 1-(α-乙酸丙烯酯)-3-乙烯基咪唑氯作为交联剂，对于提高分子印迹微球对模板分子的吸附量是特别有效的。如表 3-4 所示，HCCSMIMs[1]、HCCSMIMs[2] 和 HCCSMIMs[3] 对模板分子胸腺五肽的吸附能力分别为 2.2mg·g^{-1}、7.6mg·g^{-1} 和 28.6mg·g^{-1}，其对胸腺五肽的吸附能力存在很大差异。这是由乙二醇二甲基丙烯酸酯、N,N'-亚甲基双丙烯酰胺和 1-(α-乙酸丙烯酯)-3-乙烯基咪唑氯的亲水性与结合位点不同导致的。众所周知，N,N'-亚甲基双丙烯酰胺的亲水性优于乙二醇二甲基丙烯酸酯。因此，HCCSMIMs[2] 的吸附能力比 HCCSMIMs[1] 更强。而在关于离子液体的研究结果中，1-(α-乙酸丙烯酯)-3-乙烯基咪唑氯易溶于水，而且咪唑鎓基团可能存在多种结合位点，如静电、氢键、π-π 堆叠和离子偶极等相互作用，从而可以与胸腺五肽形成多种相互作用。此外，1-(α-乙酸丙烯酯)-3-乙烯基咪唑氯优异的水溶性以及其存在的多种相互作用使得 HCCSMIMs[3] 对胸腺五肽具有较高的吸附能力。通过以上的分析可以确定，利用 1-(α-乙酸丙烯酯)-3-乙烯基咪唑氯作为功能性的交联剂制备 HCCSMIMs* 来提高其对模板分子胸腺五肽的吸附能力是非常有利的。

3.3.4 多识别位点核壳表面分子印迹纳米微球的形貌与表面结构分析

多识别位点核壳表面分子印迹纳米微球（HCCSMIMs*）是以丙烯酰胺为功能单体，以 1-(α-乙酸丙烯酯)-3-乙烯基咪唑氯为交联剂，通过沉淀聚合法制备的。如图 3-7（a）所示，使用扫描电子显微镜对 HCCSMIMs* 的表面形貌进行表征。P(PEGDMA-VI)纳米微球的表面是多孔的球形结构，这可能是所使用的溶剂无水乙醇经过反复冲洗使得线型或交联的聚合物被溶解所导致的。这样的表面多孔结构的好处是使纳米微球的比表面积增加，当作为制备 HCCSMIMs* 的载体时，有利于提高 HCCSMIMs* 对模板分子的吸附能力。通过表面接枝聚合，得到了 HCCSMIMs* 表面相对光滑的球形结构，平均粒径约为 1005nm，如图 3-7（b）所示。此外，通过透射电子显微镜对印迹壳层进行了进一步的表征。如图 3-8（a）所示，P(PEGDMA-VI)的表面为不规整的凸凹轮廓，在接枝一层印迹壳层之后，纳米微球的表面变得相对光滑。印迹壳层和纳米微球的界限不明显，所以印迹壳层的厚度不容易确定。然而，从图 3-8（b）可以看出，相比于 P(PEGDMA-VI)，HCCSMIMs*的表面更密实，由此可以确定分子印迹壳层的形成。

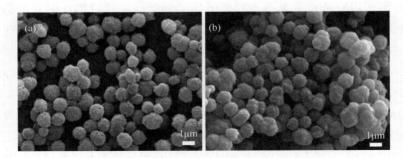

图 3-7

扫描电子显微镜图
（a）P(PEGDMA-VI)；（b）HCCSMIMs*

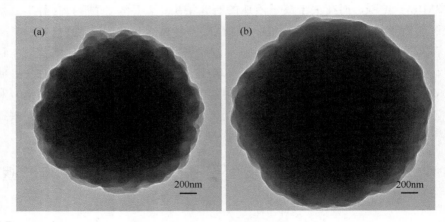

图 3-8

透射电子显微镜图
（a）P(PEGDMA-VI)；（b）HCCSMIMs*

  此外，HCCSMIMs*的表面化学状态也是通过 X 射线光电子能谱仪进行表征的。如表 3-4 所示，HCCSMIMs*的 N 含量为 2.03%，与 P(PEGDMA-VI)@IL 表面的 N 含量 3.40%相比有明显的下降。图 3-9（a）为 HCCSMIMs*的 N 1s 高倍率 X 射线光电子能谱仪拟合曲线。从图中可以看出，HCCSMIMs*的 N 1s 在 398.6eV、400.4eV 和 401.3eV 处有三个峰。在这些峰中，398.6eV 和 400.4eV 处的峰为咪唑鎓基团上的两个 N 1s，而 401.3eV 处的峰为丙烯酰胺上的 N1s。以上研究表明，丙烯酰胺和 1-(α-乙酸丙烯酯)-3-乙烯基咪唑氯成功聚合，并且成功制备了 HCCSMIMs*。此外，通过表 3-4 和图 3-9（b）同样证实成功制备了 HCCSNIMs*。

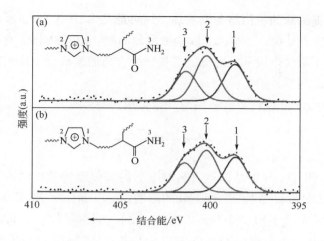

图 3-9

N 1s 高分辨 X 射线光电子能谱图
（a）HCCSMIMs*；（b）HCCSNIMs*

3.4　多识别位点核壳表面分子印迹纳米微球的性能

3.4.1　平衡吸附性能

通常情况下，丙烯酰胺和甲基丙烯酸作为单体被应用于生物分子印迹中，这是由于它们可以提供分别与模板分子形成氢键相互作用和静电相互作用的位点。然而，为了在水相中得到与模板分子胸腺五肽具有理想识别性能和吸附能力的分子印迹纳米微球，利用静电相互作用、氢键及形状互补性的协同相互作用来识别胸腺五肽。于是，选择不电离且具有良好氢键结合位点的丙烯酰胺作为功能单体来制备 HCCSMIMs*，从而增加具有方向性的特异性识别位点。

从图 3-10（a）可以得出，HCCSMIMs* 的吸附能力随胸腺五肽初始浓度的增加而增加，而且当胸腺五肽的浓度为 $0.24mg \cdot mL^{-1}$ 时，HCCSMIMs* 达到吸附平衡。当胸腺五肽的浓度为 $0.2mg \cdot mL^{-1}$ 时，所得最大吸附量为 $95.1mg \cdot g^{-1}$，印迹因子为 1.85，这可能是由丙烯酰胺和 1-(α-乙酸丙烯酯)-3-乙烯基咪唑氯的特异识别位点所引起的，说明在 HCCSMIMs* 的印迹壳层中成功形成了印迹孔穴。与以甲基丙烯酸为单体的研究结果相比，吸附量为 $38.4mg \cdot g^{-1}$，印迹因子为 1.86，研究得到的吸附量明显增加，但印迹因子没有降低，说明使用方向性相互作用与非方向性相互作用相结合可在提高 HCCSMIMs* 对模板分子吸附量的同时，保持 HCCSMIMs* 的识别性能。当胸腺五肽的浓度为 $0.28mg \cdot mL^{-1}$ 时，HCCSMIMs*

对模板分子胸腺五肽的吸附量急剧增加，这可能是由 HCCSMIMs* 的多分子层吸附所造成的。也就是说，当胸腺五肽的浓度较高时，HCCSNIMs* 对胸腺五肽的吸附也存在多分子层吸附现象。因此，选择一个合适的模板分子浓度对于取得最理想的识别效果也是至关重要的。

使用 Langmuir 非线性等温线模型[12]来分析实验数据：

$$\frac{C_e}{Q_e} = \frac{C_e}{Q_m} + \frac{1}{K_L Q_m}$$

式中，Q_e 和 Q_m 分别是微球对胸腺五肽的实际吸附量和理论最大吸附量，$mg \cdot g^{-1}$；C_e 是平衡状态下的胸腺五肽的浓度，$mg \cdot mL^{-1}$；K_L 是 Langmuir 吸附常数，$L \cdot mg^{-1}$。如图 3-10（b）所示，由 Langmuir 方程得到 $C_e/Q_e = 0.0009 + 0.0052 C_e$，从而使 Langmuir 吸附方程由 $Q_e = (Q_m K_L C_e)/(1+K_L C_e)$ 变为 $C_e/Q_e = C_e/Q_m + 1/K_L Q_m$。根据相关系数分析可以得出 Langmuir 模型可以很好地符合低浓度下的等温吸附曲线，说明在低浓度下，HCCSMIMs* 中只存在一种类型的结合位点，而且这种结合位点对于吸附胸腺五肽是均匀的，这可能是由印迹过程中的模板效应所引起的。

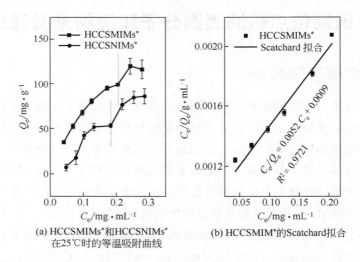

(a) HCCSMIMs*和HCCSNIMs*
在25℃时的等温吸附曲线

(b) HCCSMIM*的Scatchard拟合

图 3-10

等温吸附性能

3.4.2　吸附动力学

如图 3-11 所示，在最初的 1h 内，HCCSMIMs* 对胸腺五肽的吸附量逐渐增加，吸附时间超过 1h 后，吸附量的增加变得缓慢。在吸附时间约 2h，吸附达到平衡。HCCSMIMs* 拥有大量的由咪唑鎓基团提供的静电结合位点，这是 HCCSMIM* 吸附模板分子的主要驱动力。在 pH 值为 9.0 的吸附溶液中，印迹孔穴中的咪唑锇基团能够吸引胸腺五肽中带有相反电荷的羧基基团，从而使 HCCSMIM* 能够与胸腺五肽快速结合。此外，在吸附过程中，胸腺五肽中的氨基功能基团与 HCCSMIMs* 中的酰氨基之间的方向性氢键相互作用也有利于印迹孔穴与模板分子胸腺五肽在空间结构上的匹配。因此，在最初的 45min 内，吸附速率较快。当然，其他可能存在的 π-π 堆叠及疏水相互作用等较弱的相互作用对于模板分子在印迹孔穴中的匹配也是有影响的，而且这些弱相互作用在吸附过程中的作用也不能被忽视。因此，使用丙烯酰胺和 1-(α-乙酸丙烯酯)-3-乙烯基咪唑氯对于碱性模板分子的印迹是有利的。HCCSNIMs* 的表面结构缺乏印迹孔穴，而且咪唑锇基团上的酰氨基在聚合过程中被包埋，使得结合位点减少，功能基团难以发挥作用，没有与模板分子胸腺五肽在结构上进行匹配的印迹孔穴，使得 HCCSNIMs* 对于胸腺五肽只能进行非特异性吸附，且吸附量较低。因此，HCCSMIMs* 中的印迹效应使其具有比 HCCSNIMs* 更高的吸附量。

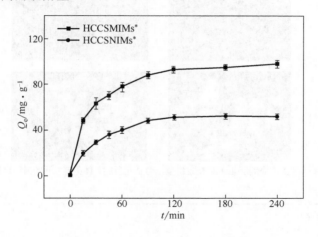

图 3-11

HCCSMIMs* 和 HCCSNIMs* 对胸腺五肽的吸附动力学曲线

3.4.3 竞争识别性能

为了证明 HCCSMIMs* 对模板分子胸腺五肽的特异识别性能，选择两种多肽分子的竞争体系进行研究。对于表面分子印迹来说，被分析物的末端基团以及侧链在整个识别过程起着至关重要的作用[13]。如图 3-12（a）所示，以人体免疫六肽作为竞争分子，其氨基酸序列为 H—Val—Glu—Pro—Ile—Pro—Tyr—OH，胸腺五肽的氨基酸序列为 H—Arg—Lys—Asp—Val—Tyr—OH，二者拥有两个相同氨基酸残基，而且它们都具有在碱性条件（pH=9.0）带负电的末端基团，即羧酸根

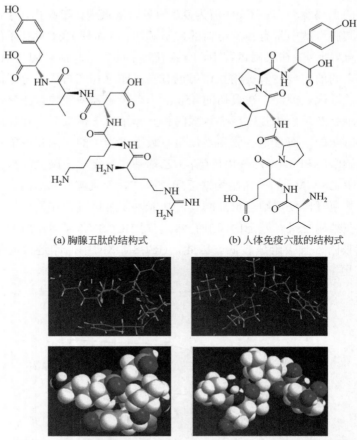

(a) 胸腺五肽的结构式　　　　　(b) 人体免疫六肽的结构式

(c) 优化后的胸腺五肽的最稳定构型　(d) 优化后的人体免疫六肽的最稳定构型

图 3-12

模板分子与竞争分子

基团。如图 3-13 所示，非印迹纳米微球 HCCSNIMs* 对于胸腺五肽和人体免疫六肽的吸附量差异不大，而印迹纳米微球 HCCSMIMs* 对胸腺五肽的吸附量明显高于对人体免疫六肽的吸附量，这是 HCCSMIMs* 的表面壳层中存在印迹孔穴所引起的。对于 HCCSMIMs* 的竞争识别体系，由于胸腺五肽的分子量稍微小于人体免疫六肽，在溶液中胸腺五肽可能具有比人体免疫六肽略高的扩散系数，因此 HCCSMIMs* 的表面结合位点首先会被稍小的胸腺五肽分子所占据。此外，HCCSMIMs* 在竞争体系中对胸腺五肽的吸附量（43.1mg·g⁻¹）远高于 HCCSNIMs* 的吸附量（18.2mg·g⁻¹）。HCCSMIMs* 对于胸腺五肽的印迹因子（3.37）也远高于对人体免疫六肽的印迹因子（1.04），说明 HCCSMIMs* 对胸腺五肽具有较高的识别能力，其表面印迹壳层中的印迹孔穴及识别位点与模板分子胸腺五肽的结构和化学性质更匹配。

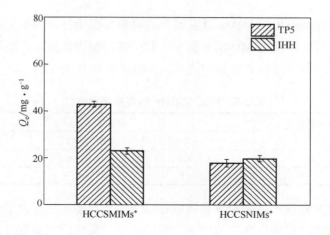

图 3-13

HCCSMIMs*和 HCCSNIMs*的竞争吸附性能
TP5—胸腺五肽；IHH—人体免疫六肽

如图 3-12（b）所示，胸腺五肽的空间结构为弯曲的折叠状结构，而人体免疫六肽为相对线型的折线状结构，而且二者结构中的氨基酸残基在三维空间存在很大差异，导致二者的结合位点在空间中的分布位置不同，如羧基和氨基等。因此，通过使用胸腺五肽作为模板分子所形成的印迹位点和印迹孔穴，和人体免疫六肽在空间结构上存在非常大的差异，人体免疫六肽很难占据胸腺五肽的印迹孔穴。即使 HCCSMIMs*对人体免疫六肽存在一定的吸附能力，这也是由一些非特异性的不稳定的结合位点与人体免疫六肽形成了相互作用所造成的。值得注意的是，与单组分胸腺五肽溶液体系中的吸附量相比，即与 HCCSMIMs*对模板分子胸腺五肽的吸附等温性能研究相比，HCCSMIMs*在竞争体系中对胸腺五肽的吸附量明显降低。C. J. Tan 等[14]在所制备的分子印迹聚合物对目标分子的竞争实验研究中也得到了相同的结论。此外，在竞争体系中，HCCSMIMs*对模板分子胸腺五肽的吸附量会降低也是在预料之中的，这说明 HCCSMIMs*在结合模板分子胸腺五肽的过程中会受到抑制。

3.4.4 再生使用性能

再生使用性能是分子印迹材料在实际应用中的另一个重要性能指标。在解吸附中，对于洗脱模板分子胸腺五肽的研究是在前述的洗脱条件下进行的。表 3-5 为洗脱后 HCCSMIMs*对胸腺五肽的吸附量变化。研究表明，在三次洗脱后，HCCSMIMs*在浓度分别为 0.06mg·mL^{-1} 和 0.2mg·mL^{-1} 的胸腺五肽溶液中的吸附量仅仅下降了 7.1%和 9.8%，说明 HCCSMIMs*仍然保持对胸腺五肽较强的结合能力，从而也证明 HCCSMIMs*具有潜在的可重复使用性，为实际应用奠定了基础。值得注意的是，HCCSMIMs*对胸腺五肽的吸附能力的微小改变可能与重复洗脱过程中部分功能基团的分布和印迹孔穴形状被破坏有关。

表 3-5 HCCSMIMs*的再生使用性能

胸腺五肽的初始浓度 /mg·mL^{-1}	吸附性能/mg·g^{-1}		
	使用一次后	使用两次后	使用三次后
0.06	33.9±6.4	31.3±3.6	31.5±4.1
0.2	95.1±9.5	90.8±6.7	85.8±7.3

在对较高交联度的纳米微球载体进行离子液体功能化的研究过程中，发现纳米微球表面的烷基链伸向真空的一侧。离子液体功能化的烷基链过长，会遮蔽部分咪唑鎓基团和阴离子。烷基链遮蔽现象的存在，会导致部分咪唑鎓基团和阴离子无法被检测到，这为有效地使用 X 射线光电子能谱仪作为精确的研究手段来分析材料的表面特性提供了理论和实验依据。新型离子液体交联剂 1-(α-乙酸丙烯酯)-3-乙烯基咪唑氯的使用，使得通过利用非方向性和方向性的弱相互作用之间的协同相互作用，在保持 HCCSMIMs*对胸腺五肽具有良好的选择识别性能的前提下，提高对胸腺五肽的吸附量成为可能。通过增加非方向性的静电作用位点而提高分子识别材料的结合性能，为扩大分子识别材料在实际中的应用提供了理论和实验基础。

参考文献

[1] Davidson L, Hayes W. Molecular imprinting of biologically active steroidal systems [J]. Current Organic Chemistry, 2002, 6(6): 265-281.

[2] Li Y, Bin Q, Lin Z, et al. Synthesis and characterization of vinyl-functionalized magnetic nanofibers for protein imprinting [J]. Chemical Communications, 2015, 51(1): 202-205.

[3] Lofgreen J E, Ozin G A. Controlling morphology and porosity to improve performance of molecularly imprinted sol-gel silica [J]. Chemical Society Reviews, 2014, 43(3): 911-933.

[4] Piletsky S A, Andersson H S, Nicholls I A. Combined hydrophobic and electrostatic interaction-based recognition in molecularly imprinted polymers [J]. Macromolecules, 1999, 32(3): 633-636.

[5] Tanabe K, Takeuchi T, Matsui J, et al. Recognition of barbiturates in molecularly imprinted copolymers using multiple hydrogen bonding [J]. Journal of the Chemical Society Chemical Communications, 1995, 22(22): 2303-2304.

[6] Du C, Hu X, Guan P, et al. Synthesis of water-compatible surface-imprinted composite microspheres with core-shell structure for selective recognition of thymopentin from aqueous solution [J]. Journal of Materials Science, 2015, 50(1): 427-438.

[7] Ren H, Su K, Liu Y, et al. A theoretical investigation on the proton transfer tautomerization mechanisms of 2-thioxanthine within microsolvent and long range solvent [J]. Journal of Molecular Modeling, 2013, 19(8): 3279-3305.

[8] Uğuzdoğan E, Denkbaş E B, Oztürk E, et al. Preparation and characterization of polyethyleneglycolmethacrylate (PEGMA)-*co*-vinylimidazole (VI) microspheres to use in heavy metal removal [J]. Journal of Hazardous Materials, 2008, 162(2-3): 1073-1080.

[9] Guo L, Hu X, Guan P, et al. Facile preparation of superparamagnetic surface-imprinted microspheres using amino acid as template for specific capture of thymopentin [J]. Applied Surface Science, 2015, 357: 1490-1498.

[10] Yamashita T, Hayes P. Effect of curve fitting parameters on quantitative analysis of $Fe_{0.94}O$ and Fe_2O_3 using XPS [J]. Journal of Electron Spectroscopy & Related Phenomena, 2006, 152(1-2): 6-11.

[11] Iwahashi T, Nishi T, Yamane H, et al. Surface structural study on ionic liquids using metastable atom electron spectroscopy [J]. Journal of Physical Chemistry C, 2009, 113 (44): 19237-19243.

[12] Song R, Hu X, Guan P, et al. Molecularly imprinted solid-phase extraction of glutathione from urine samples [J]. Materials Science and Engineering: C, 2014, 44: 69-75.

[13] Pan J, Yao H, Wei G, et al. Selective adsorption of 2,6-dichlorophenol by surface imprinted polymers using polyaniline/silica gel composites as functional support: Equilibrium, kinetics, thermodynamics modeling [J]. Chemical Engineering Journal, 2011, 172(172): 847-855.

[14] Tan C J, Chua H G, Ker K H, et al. Preparation of bovine serum albumin surface-imprinted submicrometer particles with magnetic susceptibility through core-shell miniemulsion polymerization [J]. Analytical Chemistry, 2008, 80(3): 683-692.

第4章

树莓型核壳表面分子印迹纳米微球

4.1 引言

在生物纳米科技领域，纳米材料的表面功能化为其自身在生物分子识别、传感、自组装与药物递送等方面提供了广阔的发展前景。由于生物分子在医疗设备涂层、药物递送、生物传感器以及生物芯片等方面的应用不断拓宽，生物分子在纳米材料表面的吸附正日渐成为生物纳米技术领域的一个研究热点。生物分子与纳米材料表面的相互作用是纳米材料表面结合生物分子如蛋白质、多肽、配体、辅酶和酶等一个至关重要的影响因素。一般而言，生物分子能够被吸附于纳米材料的表面，通常是多种氢键作用、静电作用和疏水作用等弱相互作用协同的结果[1-3]。然而，对纳米材料表面能够结合生物分子的行为起主导作用的生物分子-纳米材料表面相互作用的内在机制研究并未被完全建立起来。此外，现有的大多数对于生物分子与基质相互作用的研究主要集中于无机基质、金属及金属氧化物等[4-6]。因此，设计与制备其他具有良好的水相容性及可设计性等性质的有机聚合物基质，用以在水介质中结合特定的生物分子，尤其是那些具有药用前景的生物分子很有必要且具有广阔的发展前景。

分子印迹技术在特定分子识别中受到极大关注并且成为了一个热门研究课题[7,8]。随着分子印迹聚合物的制备方法和应用日趋成熟[9-12]，分子印迹聚合物对生物分子的识别机理需要更深入的研究。为了有效地揭示分子印迹机理，使用微球作为基质材料的表面印迹技术，是一种非常有前景的技术。有机聚合物微球由于其制备方法简捷且成本经济等特点，在作为制备分子印迹聚合物的载体中也具有广阔的应用前景。

树莓型微球在基质功能化表面的构建中具有独特的性质，其良好的应用前景引起了研究者的广泛关注。树莓型微球的独特性质包括它们特有的形态、可设计的表面性质、较高的比表面积以及表面大量的纳米粒子等，这些性质使其在构建不同功能材料的应用中可作为优异的前驱体[13-15]。通常制备树莓型微球有多种方法，如皮克林乳液聚合法[16]、种子聚合法[17]、硅胶化学法[18]，以及异相凝聚法[19]等。在以上所述的聚合方法中，没有使用或仅仅使用了少量的交联剂以实现树莓型微球的合成，因此所制备的树莓型微球并不具备交联结构或交联度较低。毫无疑问，树莓型微球无交联或低交联的结构，限制了其在实际中的应用，尤其是实际应用中可能使用导致微球溶胀或分解的特殊溶剂或者复杂体系。因此，合成高交联的树莓型微球仍是一项严峻的挑战，但同时也是生物分子吸附科学基础研究中极富发展前景的研究工作。

具有明确结构的树莓型纳米微球由于其优异的特征结构，在构建功能性聚合物层方面引起了诸多学者的广泛关注，比如独特的形貌、高比表面积、优良的化学稳定性、良好的生物相容性和较好的粒径分布，这些特征使得该类微球在构造超疏水和超亲水的表面中，成为了一种非常有前景的基质。许多学者报道了关于制备树莓型微球的方法。然而，这些方法所制备的树莓型微球的交联度较低，在被应用于制备分子印迹聚合物的载体时会产生溶胀，从而破坏分子识别位点，降低分子印迹聚合物对目标分子的特异识别性能。因此，得到高交联的单分散树莓型纳米微球并将其应用于对生物分子的识别与分离是一项很有前景的研究课题。

为了解决上述问题，在总结了微球的粒径均一性和载体的溶胀性等问题的基础上，提出一种表面模板固定化方法来制备具有较高特异性识别性能、快速识别和良好的可重复利用性的亲水性表面分子印迹纳米微球。

首先，以离子液体功能化的高交联树莓型结构的纳米微球为载体，选择具有药物性质的人体免疫六肽作为模板分子，在水相中分别通过分子表面自组装以及沉淀聚合可控地合成具有单分散特性和高交联树莓型结构的表面分子印迹纳米微球，并研究模板固定化过程中纳米微球表面的化学性质及其对人体免疫六肽的识别性能的影响。最后，对树莓型核壳表面分子印迹纳米微球的特异识别性能、吸附能力和实用性能进行系统讨论与分析，以期从实际样品中识别、分离和富集人体免疫六肽。

4.2 树莓型核壳表面分子印迹纳米微球的制备

4.2.1 高交联树莓型纳米微球的制备

在传统的分散聚合体系中，基本上不加入交联剂或者仅使用非常少量的交联剂。表 4-1 为制备高交联树莓型纳米微球的配方和反应条件。从表中可以看出，与常规的分散聚合体系所不同的是，长链交联剂聚乙二醇二甲基丙烯酸酯和短链交联剂乙二醇二甲基丙烯酸酯的使用量增加，在不饱和单体中所占的体积比例高达 79%，因此这可以显著地提高所制备的聚合物微球的交联度，从而降低微球在溶剂中的溶胀度。

表 4-1　高交联树莓型纳米微球的配方和反应条件

反应条件	配方
聚乙二醇二甲基丙烯酸酯/mL	2.0
N-乙烯基咪唑/mL	1.0
乙二醇二甲基丙烯酸酯/mL	0.8
偶氮二异丁腈/g	0.076
聚乙烯吡咯烷酮/g	0.75
无水乙醇/mL	80
搅拌速率/r·min^{-1}	300
温度/℃	70

高交联树莓型纳米微球，即聚（聚乙二醇二甲基丙烯酸酯-N-乙烯基咪唑）纳米微球 P(PEGDMA-VI)的制备方法如下。首先将聚乙烯吡咯烷酮溶解在无水乙醇中，随后在搅拌条件下分别将聚乙二醇二甲基丙烯酸酯、N-乙烯基咪唑和乙二醇二甲基丙烯酸酯加入溶解有分散剂聚乙烯吡咯烷酮的无水乙醇溶液中。接着，将混合体系移入密封的玻璃反应容器中，并向此体系通入氮气以排除氧气。最后，加入引发剂偶氮二异丁腈，于 70℃的磁力搅拌条件下进行反应。当反应完成且体系冷却至室温后，用无水乙醇洗涤得到微球，在 5000r·min^{-1} 的速度下持续离心2min 以除去交联度低的分子链。洗涤完成后，将得到的 P(PEGDMA-VI)纳米微球置于 35℃的真空条件下干燥至恒重。

4.2.2　高交联树莓型纳米微球表面的离子液体功能化

P(PEGDMA-VI)纳米微球的离子液体功能化是通过微球与不同的烷基试剂，即 1-氯代十二烷、氯乙酸、氯乙酰胺、氯乙酸乙酯、1-氯丁烷和1-氯辛烷进行烷基化反应实现，见图 4-1。将高交联树莓型纳米微球分散于无水乙醇中，然后加入烷基化试剂；向此混合体系通入氮气 10min 以排除氧气，于 52℃的水浴条件下反应12h。将所得的离子液体功能化纳米微球用无水乙醇洗涤，最后置于 35℃的真空条件下干燥至恒重。

4.2.3　模板固定化过程

用磷酸缓冲溶液清洗离子液体功能化的 P(PEGDMA-VI)纳米微球，然后加入人体免疫六肽磷酸缓冲溶液。将混合溶液置于 25℃的恒温水浴中进行磁力搅拌，

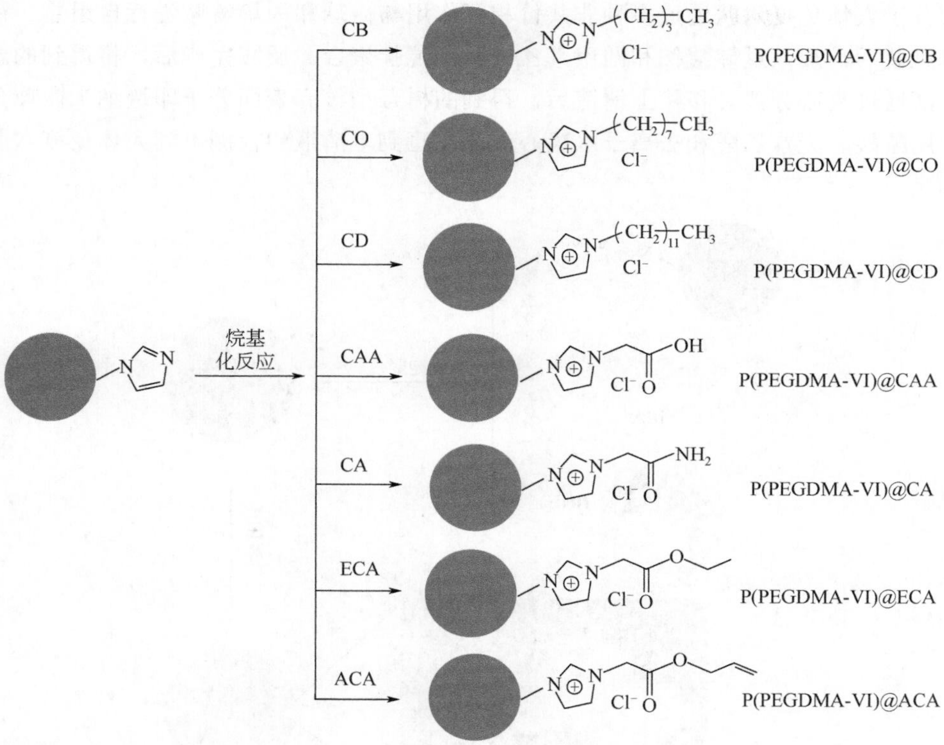

图 4-1

P(PEGDMA-VI)纳米微球的离子液体功能化示意图

CB—1-氯丁烷；CO—1-氯辛烷；CD—1-氯代十二烷；CAA—氯乙酸；CA—氯乙酰胺；ECA—氯乙酸乙酯；
ACA—氯乙酸丙烯酯

在此过程中，人体免疫六肽通过弱相互作用，即非共价键相互作用在微球表面进行分子自组装，实现模板分子的固定化。待自组装过程结束，经过离心，并用去离子水反复洗涤微球，用紫外可见分光光度计检测其上清液，直到在 276.5nm 处无吸收峰为止。

4.2.4　树莓型核壳表面分子印迹纳米微球的制备过程

为了在模板固定化后的离子液体功能化纳米微球表面制备人体免疫六肽分子印迹层，即制备树莓型核壳表面分子印迹纳米微球，选择经典的沉淀聚合作为聚合方法。如图 4-2 所示，取离子液体功能化的 P(PEGDMA-VI)纳米微球加入单口烧瓶中，再加入磷酸缓冲溶液，超声分散均匀。另外取模板分子人体免疫六肽，加入磷酸缓冲溶液直至溶解。在搅拌下，把人体免疫六肽溶液加入上述溶液中，并加入功能单体丙烯酰胺和交联剂 *N,N′*-亚甲基双丙烯酰胺。通入氮气除氧后，模板分子人体免疫六肽通过多种非共价相互作用与微球和丙烯酰胺进行自组装。待自组装后，加入过硫酸铵和四甲基乙二胺，搅拌聚合。反应完毕后，将得到的悬浮液通过离心分离。移除上清液后，得到的树莓型核壳表面分子印迹纳米微球分别用醋酸、无水乙醇和去离子水离心洗涤，直到上清液中检测不到人体免疫六肽为止。

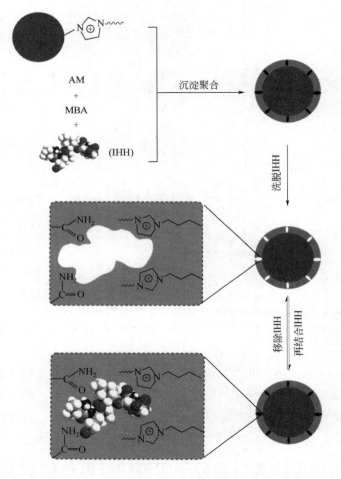

图 4-2

树莓型核壳表面分子印迹纳米微球的制备示意图
AM—丙烯酰胺；MBA—N,N'-亚甲基双丙烯酰胺；IHH—人体免疫六肽

　　用无水乙醇洗脱吸附在树莓型核壳表面分子印迹纳米微球表面的聚合物，这些聚合物可能是丙烯酰胺和 N,N'-亚甲基双丙烯酰胺聚合所形成的线型或交联的聚合物。非印迹纳米微球的制备方法和树莓型核壳表面分子印迹纳米微球相同，但是在制备的过程中不加入模板分子。

4.3 树莓型核壳表面分子印迹纳米微球的表征

4.3.1 高交联树莓型纳米微球的制备

（1）结构设计

具有树莓结构的微球在基质功能化表面的构建中具有独特的性质和良好的应用前景，目前制备树莓型微球的方法有很多种，如皮克林乳液聚合法、种子聚合法、硅胶化学法以及异相凝聚法等。然而，通过这些方法制备的树莓型微球，由于在制备过程中使用的交联剂有限，会引发树莓型微球在不同溶剂中产生不同程度的溶胀或溶解，因此限制了树莓型微球在实际中的有效应用。为了拓宽树莓型微球在材料表面科学领域中的应用范围，采用一步分散聚合法制备 P(PEGDMA-VI)纳米微球。

如图 4-3 所示，使用分散聚合法，以聚乙二醇二甲基丙烯酸酯和 *N*-乙烯基咪唑为共聚单体进行聚合反应，直接通过一步法合成高交联且具备单分散性质的 P(PEGDMA-VI)纳米微球。随后，P(PEGDMA-VI)纳米微球的表面通过不同的烷基化反应实现离子液体功能化，以增加纳米微球表面的结合位点种类，从而实现对生物医药分子人体免疫六肽的固定化。

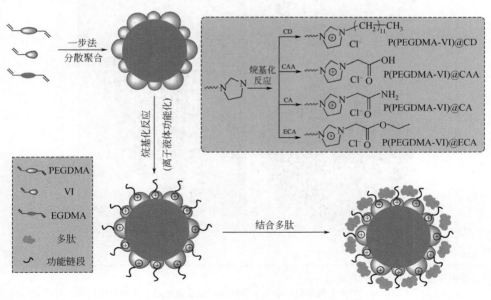

图 4-3

P(PEGDMA-VI)纳米微球的制备、离子液体功能化与应用示意图

经分散聚合法制备的粒子尺寸为 0.3～10μm，这一尺寸范围的粒子拥有较高的比表面积，并且不易形成粒子间聚集沉积[20]。从图 4-4（a）和（b）的分析结果可见，在经过 8h 的聚合反应后，得到的 P(PEGDMA-VI)纳米微球具有典型的树莓型结构，且微球的平均粒径为 853nm。此外，图 4-4（c）和（d）所示的透射电子显微镜分析结果显示，分布于中心核颗粒表面的冠状纳米粒子的尺寸在45～90nm 范围内。

如图 4-4（a）中插图所示，动态光散射仪进一步证实了 P(PEGDMA-VI)纳米微球的单分散性质，并且研究结果还表明微球的平均粒径为 867nm，变异系数为6.6%。与扫描电子显微镜图中得到的微球平均粒径相比，动态光散射分析得到的微球平均粒径并未出现明显增加。这一结果表明，P(PEGDMA-VI)纳米微球的整体结构溶胀度较低，为高交联结构，此分析结果在接下来的溶胀度研究中会得到进一步的分析与证实。

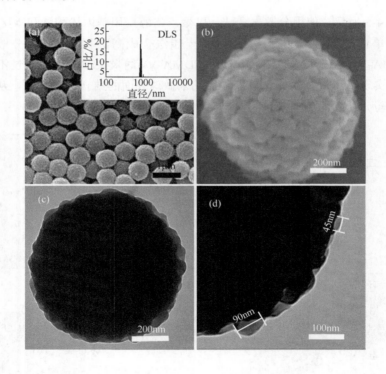

图 4-4

高交联树莓型纳米微球的微观形貌
（a）聚合 8h 的 P(PEGDMA-VI)纳米微球的扫描电子显微镜图以及通过动态光散射法得到的粒径分布图；
（b）高分辨的聚合 8h 的 P(PEGDMA-VI)纳米微球的扫描电子显微镜图； （c）聚合 8h 的 P(PEGDMA-VI)纳米微球的透射电子显微镜图； （d）高分辨的聚合 8h 的 P(PEGDMA-VI)纳米微球的透射电子显微镜图

（2）高交联树莓型纳米微球的动力学形成过程

采用分散聚合法制备的 P(PEGDMA-VI)纳米微球，其制备过程可看作是聚合时间的函数。使用扫描电子显微镜对纳米微球的粒径进行表征，所有的扫描电子显微镜图得出的尺寸数据反映了约 100 个粒子的平均尺寸，计算方法如下[21]：

$$D = \sum_{i=1}^{k} n_i D_i \left/ \sum_{i=1}^{k} n_i \right.$$

式中，D 为数均直径；k 为测量的颗粒总数；n_i 为测量的微球的颗粒序号；D_i 为测量的微球的颗粒直径。n_i 和 D_i 的数值均通过 Nano Measurer 1.2.5 软件分析得到。

如图 4-5 所示，在聚合的初期阶段（0.25h 内），微球的平均粒径约为 480nm，随着聚合反应持续至 0.5h、0.75h 和 1h，纳米微球的平均粒径分别增长至约 600nm、680nm 和 760nm。随着聚合反应的继续进行，微球的平均粒径增长速率逐渐变缓，直至反应进行 8h 后，微球的平均粒径达到稳定值（约为 850nm）。图 4-5 中同样显示出了 P(PEGDMA-VI)纳米微球的产率随时间的变化。微球的产率

$$产率 = \frac{W_p}{W_m} \times 100\%$$

式中，W_p 为干燥至恒重的微球质量；W_m 为起始投入反应器中进行反应的单体总质量。

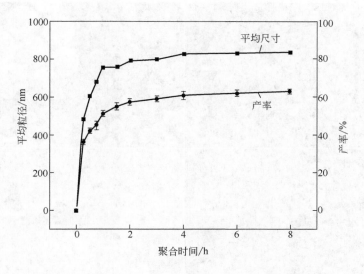

图 4-5

P(PEGDMA-VI)纳米微球的平均粒径与产率在动力学过程中随聚合时间的变化曲线

如图 4-5 所示,产率-时间曲线的变化趋势与平均粒径-时间曲线的变化趋势十分相似。聚合时间为 0.25h 时,P(PEGDMA-VI)纳米微球的产率可达到 36.5%。这一结果表明,在聚合初始阶段,聚合速率已相当可观,这与普通自由基聚合的初期聚合特征相一致,即在聚合初期,聚合速率就非常高。当聚合时间持续至 2h 的时候,产率增长至约 57.8%。这一变化趋势可合理解释为自由基聚合反应通常在反应初期速率很高,在聚合后期速率会逐渐减缓,这是由于自由基数目和单体的减少。

值得注意的是,在聚合反应进行到 1~2h 时,P(PEGDMA-VI)纳米微球的平均粒径基本保持不变,但是产率却持续增长,这是由于平均粒径的变化不如产率的变化明显直观,聚合物分子链和非常小的粒子会在微球表面的低洼区域进行聚合并沉积,这一解释也可通过 P(PEGDMA-VI)纳米微球表面的形态变化证实。如图 4-6 所示,聚合 8h 得到的微球表面粗糙度要明显低于聚合 3h 和 4h 得到的微球表面粗糙度。

(3)高交联树莓型纳米微球的动力学形貌演变

为了研究 P(PEGDMA-VI)纳米微球的形成过程,通过扫描电子显微镜对反应动力学过程中不同聚合时间下纳米微球形态的演化过程进行表征。从图 4-6 可以看出,微球在整个聚合反应过程中始终维持球形结构。如图 4-6(a)所示,当聚合时间为 0.25h 时,微球的表面较平整,无特别突出的纳米级粒子出现在整个微球的表面。如图 4-6(b)~(h)所示,随着反应进一步进行,P(PEGDMA-VI)

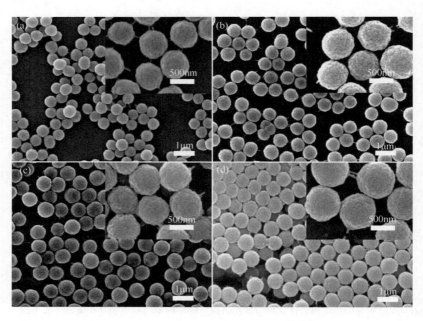

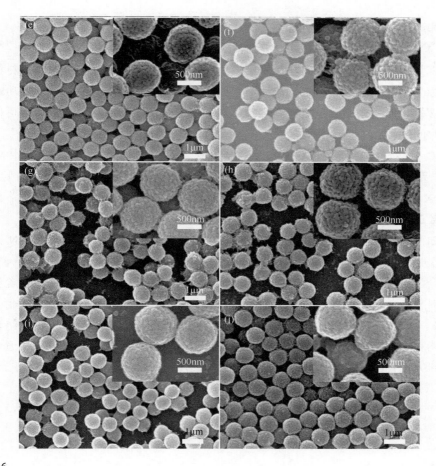

图 4-6

P(PEGDMA-VI)纳米微球随聚合时间变化的扫描电子显微镜图
（a）0.25h；（b）0.5h；（c）0.75h；（d）1h；（e）1.5h；（f）2h；（g）3h；（h）4h；（i）6h；（j）8h

纳米微球表面呈现越来越显著的不均匀结构。如图 4-6（i）、（j）所示，当反应进行到 6h 的时候，较好的树莓型结构已经形成。对比整个反应动力学过程中的微球尺寸变化，在任何聚合阶段，P(PEGDMA-VI)纳米微球的粒径都非常均匀，没有与平均粒径相差悬殊的纳米微球出现，这说明在聚合的初始阶段，所有的引发剂都生成了初级自由基，并捕捉活性单体成为增长自由基，整个聚合过程中，没有二次成核的现象产生，这也为生成粒径均匀的 P(PEGDMA-VI)纳米微球提供了基础。

通过以上分析可得，P(PEGDMA-VI)纳米微球的不平整表面开始形成于聚合反应的初始阶段并持续至反应结束，最终生成树莓型结构。在整个纳米微球形成的动力学过程中，大部分的聚合反应时间是用以形成聚合物分子链和纳米级粒子，并使其在颗粒表面进行自组装。这一研究结论与通过不同聚合阶段纳米微球平均粒径和产率的变化所得到的结论一致。

（4）聚合过程中的高交联树莓型纳米微球的性质

将具备特殊功能基团的材料用于实际应用时，材料的表面化学性质对材料结合目标分子起到了非常关键的作用。P(PEGDMA-VI)纳米微球表面的咪唑功能基团的含量，是一个非常重要的研究指标，而在整个反应动力学的过程中，可作为聚合时间的函数。

X 射线光电子能谱仪通常被用来研究材料表面的元素组成与元素的化学状态，以及表征材料表面的改性过程，直观而深入地提供材料表面的信息[22]。因此，采用 X 射线光电子能谱仪作为研究微球表面性质的主要设备。使用高斯-洛伦兹比函数进行拟合，从而实现对所有元素的半定量分析[23]。

如图 4-7 所示，在聚合的初始阶段，P(PEGDMA-VI)纳米微球的表面 N 元素含量仅为 3.85%，这可能是因为只有少量的乙烯基咪唑分子聚合到了微球的表面。当聚合反应进行至 1.5h 时，尽管 P(PEGDMA-VI)纳米微球表面的 N 元素含量的改变对材料外观规整度无明显影响，但此时其表面的 N 元素含量达到最大值，为 6.80%。结果表明，经过 1.5h 的聚合反应，纳米微球已呈现典型的树莓型结构，且平均粒径约为 760nm。具有最大表面 N 元素含量的树莓型纳米微球非常适合后续的研究工作，这是因为此时微球表面的咪唑功能基团含量最多。

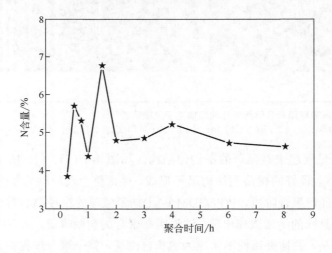

图 4-7

P(PEGDMA-VI)纳米微球表面 N 元素含量随聚合时间的变化曲线

使用高分辨率 X 射线光电子能谱图进一步研究 N 元素的化学状态。如图 4-8 所示，在谱图的 398.2eV 和 399.9eV 处显示两个峰，分别对应于咪唑基团上的两个 N 元素。该结果也同时表明，因为没有其他 N 元素的峰出现，微球的表面几乎无残留的分散剂聚乙烯吡咯烷酮。随着反应时间的进一步延长，微球表面 N 元素含量急剧下降，并在 4.6%～5.2%范围内变化且没有固定的变化规律。反应时间超过 1.5h 后形成的微球也为树莓型结构，同样适于应用在后续的研究工作中。但随着反应时间延长，微球的平均粒径增大，造成微球比表面积的减小。因此，聚合时间为 1.5h 制备得到的 P(PEGDMA-VI)纳米微球具有最高的咪唑功能基团含量以及较为合适的颗粒尺寸，非常适合用作制备离子液体功能化纳米微球的前驱体。

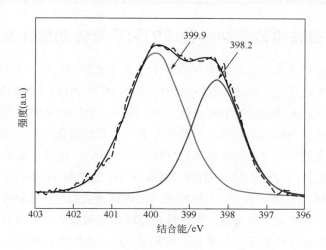

图 4-8

聚合时间为 1.5h 时的 P(PEGDMA-VI)纳米微球的高分辨率 X 射线光电子能谱图

此外，为了证实 P(PEGDMA-VI)纳米微球为高交联结构，通过体积测定方法来表征聚合时间在 1.5h 所制备的微球的溶胀度。于是，选择了由 Snyder 极性指数划分的极性由高到低的多种常用溶剂[24]。如表 4-2 所示，P(PEGDMA-VI)纳米微球在极性溶剂中，即在水中的溶胀度非常低。如表 4-3 所示，由于接触角为 109°，所以 P(PEGDMA-VI)纳米微球在水中的较低溶胀度是由微球表面较强的疏水特性造成的。然而，即使在弱极性或非极性溶剂中，如乙腈、乙醇、甲苯和正己烷溶液中，微球的溶胀度仍低于 10%，这表明微球为高交联结构。也就是说，无论是在极性还是非极性溶剂中，P(PEGDMA-VI)纳米微球均能保持稳定结构，难以被溶剂溶胀。因此，具有单分散的高交联和树莓型结构的纳米微球十分适合作为载体负载药物。

表 4-2　聚合时间为 1.5h 时的 P(PEGDMA-VI)纳米微球在不同溶剂中的溶胀度

纳米微球		水	乙腈	乙醇	甲苯	正己烷
聚合时间为 1.5h 的 P(PEGDMA-VI) 纳米微球	Snyder 极性指数	10.2	6.2	4.3	2.4	0
	溶胀度/%	2±1	5±2	6±2	8±3	9±1

表 4-3　纳米微球的接触角

纳米微球	接触角/(°)
P(PEGDMA-VI)	109±1
P(PEGDMA-VI)@CD	94±2
P(PEGDMA-VI)@CAA	51±3
P(PEGDMA-VI)@CA	57±1
P(PEGDMA-VI)@ECA	63±2

4.3.2　高交联树莓型纳米微球的离子液体功能化及表面性质

材料的表面亲水性和多重结合位点对于结合亲水性的生物分子具有显著影响。因此，通过烷基化反应，即离子液体功能化反应，实现 P(PEGDMA-VI)纳米微球的表面改性，以改变微球表面的亲疏水性。离子液体功能化纳米微球的表面性质会受到使用的功能化试剂性质的影响，因此设计了一系列烷基化反应，用以实现微球的表面离子液体功能化，引入的烷基侧链分别为长烷基链、羧基、氨基和酯基。

如图 4-9 所示，P(PEGDMA-VI)纳米微球在 398.2eV 和 399.9eV 处出现两个峰，对应于咪唑基团上的两个 N 1s。当材料表面的烷基链较短时，X 射线可能会击中 N 原子，随后激发内层电子的逃逸。当材料表面的烷基链较长时，因为长烷基链的屏蔽作用，X 射线击中 N 原子的可能性急剧降低，从而捕捉内层逃逸电子的概率也降低。如图 4-9 所示，因为长烷基链完全的屏蔽作用，1-氯代十二烷功能化的 P(PEGDMA-VI)的 N 1s 难以被检测到。对于氯乙酸功能化的 P(PEGDMA-VI)和氯乙酸乙酯功能化的 P(PEGDMA-VI)，谱图中均出现两个峰，即 399.2eV 和 400.6eV 处，其分别对应于咪唑鎓基团的两个 N 1s 峰。对于氯乙酰胺功能化的 P(PEGDMA-VI)，咪唑鎓基团 399.2eV 处的 N 1s 峰未被检测到，同样是由于烷基链的完全屏蔽作用。然而，在 401.5eV 处出现了一个新峰，此峰对应于酰胺键上 N 原子的 N 1s。综上所述，因为烷基化试剂过量，推断烷基化反应已经进行完全。

为了研究 P(PEGDMA-VI)纳米微球在离子液体功能化前后表面润湿性的变化，将微球压平，并测试其接触角。结果如表 4-3 所示，P(PEGDMA-VI)纳米微球的水接触角为 109°，微球表面经长烷基链试剂改性后，水接触角变为 94°，这表明因为长烷基链的存在，尽管离子液体功能化反应成功实现，并形成了咪唑鎓基团，但 P(PEGDMA-VI)@CD 的亲水性仍不理想。对于 P(PEGDMA-VI)@CAA、P(PEGDMA-VI)@CA 和 P(PEGDMA-VI)@ECA，其接触角值均显著下降，表明这些微球的表面因为咪唑鎓基团的离子化作用和其他功能基团的引入变得更亲水。因为 P(PEGDMA-VI)@CAA 表面的羧基功能基团是良好的氢键供体且在水相中易于电离，因此其接触角低于其他微球。此外，P(PEGDMA-VI)@CA 表面的氨基功能基团是优于 P(PEGDMA-VI)@ECA 表面酯基功能基团的良好的氢键供体，因此 P(PEGDMA-VI)@CA 的表面会更亲水。这也说明，不同离子液体表面功能化的纳米微球在结合亲水性的多肽分子时，其吸附性能会存在显著差异。

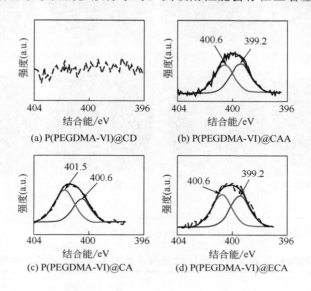

N 1s 峰高分辨率 X 射线光电子能谱图

4.3.3　树莓型核壳表面分子印迹纳米微球的结构

　　为了研究离子液体功能化纳米微球对人体免疫六肽的固载量和树莓型核壳表面分子印迹纳米微球（MRHCMIMs）对人体免疫六肽的吸附量之间的关系，在制备树莓型核壳表面分子印迹纳米微球时选择与模板固定时相同的人体免疫六肽浓度。如图 4-10 所示，P(PEGDMA-VI)纳米微球的表面有凹凸结构的纳米尺寸粒子，而所有的人体免疫六肽表面分子印迹纳米微球的表面均呈现不同程度的光滑表面。也就是说，在聚合之后，微球表面形成了不同程度的分子印迹聚合物壳层，这也证明了 P(PEGDMA-VI)表面有残留的 C=C 双键可以参与单体的聚合。由于印迹层很薄，使用高倍率的透射电子显微镜也不易精准确定分子印迹聚合物壳层的厚度。

　　为了进一步证明分子印迹聚合物壳层的存在，使用 X 射线光电子能谱仪研究了不同表面分子印迹纳米微球的表面化学组成。如表 4-4 所示，与离子液体功能化的纳米微球相比，其对应的分子印迹纳米微球中的 C、O 和 N 含量有很大的改变，尤其是 N 元素。此外，分子印迹聚合物壳层的包覆使得在 398.6eV 和 400.6eV 处的咪唑基团的 N 1s 峰消失，而在 401.3eV 处产生新峰，这对应于丙烯酰胺和

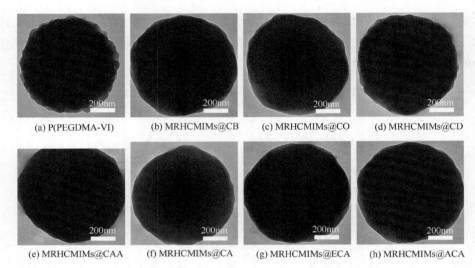

(a) P(PEGDMA-VI)　　(b) MRHCMIMs@CB　　(c) MRHCMIMs@CO　　(d) MRHCMIMs@CD

(e) MRHCMIMs@CAA　　(f) MRHCMIMs@CA　　(g) MRHCMIMs@ECA　　(h) MRHCMIMs@ACA

图 4-10

纳米微球的透射电子显微镜图

表 4-4　不同树莓型核壳表面分子印迹纳米微球的表面元素组成的 X 射线光电子能谱图

纳米微球	Q_e/mg · g^{-1}	原子摩尔分数/%			N 元素的摩尔分数/%
		C	O	N	N 1s 401.3eV
P(PEGDMA-VI)	5.7±0.5	75.05	23.67	1.28	1.28
MRHCMIMs@CB	6.9±0.9	77.56	21.78	0.66	0.66
MRHCMIMs@CO	5.4±0.2	77.09	22.38	0.53	0.53
MRHCMIMs@CD	7.5±0.7	73.12	24.16	2.72	2.72
MRHCMIMs@CAA	18.9±0.9	76.08	22.31	1.61	1.61
MRHCMIMs@CA	19.4±0.4	75.23	23.42	1.35	1.35
MRHCMIMs@ECA	21.7±0.5	73.85	22.79	3.36	3.36

N,N'-亚甲基双丙烯酰胺中的 N 1s。综上所述，可以明确表明形成了分子印迹聚合物壳层，并成功制备了七种树莓型核壳表面分子印迹纳米微球。

4.3.4　高交联纳米微球的应用优势

发展表面具有特殊功能基团的功能材料一直是材料科学领域的研究热点之一。功能材料表面的亲疏水特性对于材料表面结合目标分子的性能影响较大。此外，材料表面的功能基团的种类也在一定程度上决定了目标分子能否被吸附结合到材料表面。通过改变功能基团的种类，多肽分子能与材料表面形成不同程度的相互作用。更重要的是，对于不同等电点的多肽分子，材料表面对多肽分子的结合性能有明显差异。因此，可以证实多肽-材料表面亲和力与材料表面的亲水性及材料的表面化学性质有关。

众多关于药物载体的研究集中在凝胶，这是由于凝胶具有较高的溶胀度，可以显著提高载药量。在多数情况下，较高的溶胀度对载体来说是一个非常优异的性质。然而，这个性质并不能适用于一些特殊的情况。例如，当将药物载体植入主体时，希望主体的环境不因载体的溶胀而被破坏。因此，在这种情况下就需要保持载体较好的刚性。在另外一种情况下，如传感器，载体的刚性同样需要被保持，以避免传感器在进行目标分子的识别时发生形变。对于纳米高分子载体而言，这种高度交联的结构用于特殊情况下的药物载体是非常适用的。

通过对材料进行特殊设计，使材料具有纳米尺寸结构和精准的表面化学组成，可使材料植入宿主时具有可控制的优异性能。使用离子液体功能化的单分散树莓型纳米微球作为载体，可实现生物医药分子在中性条件下的吸附以及在酸性条件下的释放。通过调控纳米微球表面功能基团的种类以及改变使用环境来实现生物医药分子的装载及释放是一个行之有效的方法。

对于其他生物大分子，如蛋白质和酶等，它们拥有较大的分子尺寸和多重结合位点，经过良好的表面设计而拥有多重功能基团且具有较长分子链的材料将成为研究热点。此外，在对生物大分子的结合过程中，保持生物大分子的结构稳定性以维持它们的生物医药活性也极为重要。

4.4 树莓型核壳表面分子印迹纳米微球的性能

4.4.1 模板分子的固定化性能

（1）平衡吸附性能

离子液体功能化的 P(PEGDMA-VI)纳米微球的表面化学性质对于微球表面结合人体免疫六肽性能的影响较大，使用 P(PEGDMA-VI)、P(PEGDMA-VI)@CD、P(PEGDMA-VI)@CAA、P(PEGDMA-VI)@CA 和 P(PEGDMA-VI)@ECA 等纳米微球作为研究对象。考虑到人体免疫六肽在实际应用中的生理环境，使用 pH 值为 7.35～7.45 的人体血液 pH 环境作为参照值。关于人体免疫六肽与微球的最佳质量比的研究，在随后的等温吸附实验和吸附动力学实验中将进行详细的讨论。为了更好地进行对比与分析，此处先给出研究结果，即所有的微球在 0.20mg・mL^{-1} 的吸附浓度下，经过 1h 后均可达到饱和吸附。因此，在以下所有的吸附实验中，均选择人体免疫六肽浓度为 0.20mg・mL^{-1} 的磷酸缓冲溶液（pH=7.4）。

人体免疫六肽分子具有一个氨基和两个羧基功能基团，在不同 pH 的磷酸缓冲溶液中，人体免疫六肽分子呈现不同的离子化程度。当环境 pH 值高于人体免疫六肽的等电点（3.30）时，负电荷位点数目多于正电荷位点数目。因此，当 pH 值为 7.4，即高于人体免疫六肽的等电点时，人体免疫六肽整体上带负电。

如图 4-11 所示，离子液体功能化 P(PEGDMA-VI)@CA 和 P(PEGDMA-VI)@ECA 对人体免疫六肽的吸附量要远远高于没有进行离子液体功能化的 P(PEGDMA-VI) 纳米微球的吸附量，这是因为 P(PEGDMA-VI)@CA 和 P(PEGDMA-VI)@ECA 的功能化表面可以与人体免疫六肽之间形成强而稳定的相互作用，这些相互作用包括无方向性的静电相互作用和其他弱的有方向性的相互作用，如氢键和 π-π 堆积作用等。可以确定的是，P(PEGDMA-VI)@CA（接触角为 57°±1°）和 P(PEGDMA-VI)@ECA（接触角为 63°±2°）表面良好的亲水性同样决定了微球对人体免疫六肽分子的高吸附性能。

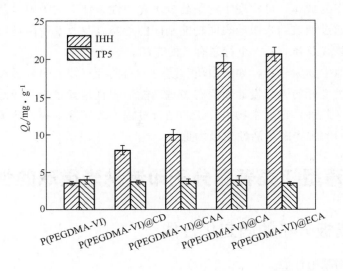

图 4-11

P(PEGDMA-VI)纳米微球和不同离子液体功能化纳米微球对人体免疫六肽（IHH）和胸腺五肽（TP5）的吸附性能

此外，P(PEGDMA-VI)@ECA 的吸附能力略微高于 P(PEGDMA-VI)@CA 的吸附能力，表明功能基团与分子链的结构差异会直接影响微球对目标分子的结合性能。P(PEGDMA-VI)@CD 对人体免疫六肽的吸附性能相较于没有离子液体功能化的 P(PEGDMA-VI)纳米微球并无明显提高，表明疏水链与人体免疫六肽分子之间并没有形成较强的相互作用。对于 P(PEGDMA-VI)@CAA 而言，尽管亲水性有所提高，但吸附能力相较于 P(PEGDMA-VI)和 P(PEGDMA-VI)@CD 并无明显提高，这可能是羧基基团的部分电离导致的，由于 P(PEGDMA-VI)@CAA 表面羧基功能基团的存在，P(PEGDMA-VI)@CAA 和人体免疫六肽分子之间会存在一定的静电排斥作用。

通常而言，在生物体系中，目标分子与功能材料的表面包含多重非共价相互作用，如离子-离子静电相互作用（20～80kcal·mol⁻¹）、配位作用（20～50kcal·mol⁻¹）、氢键（1～30kcal·mol⁻¹）、π-π堆积作用（0～12kcal·mol⁻¹）和范德华力相互作用（0～1.5kcal·mol⁻¹）。在这些非共价相互作用力中，离子-离子静电相互作用要明显强于其他的作用力，尽管静电作用力是非方向性的，但在结合目标分子时仍发挥主要作用。

为了证实功能材料表面的咪唑基团可提供较强的静电作用，选择等电点为8.59的碱性多肽胸腺五肽作为研究对象。胸腺五肽是对应于母体分子促胸腺生成素32～36氨基酸序列精氨酸-赖氨酸-天冬氨酸-缬氨酸-酪氨酸的多肽，多作为免疫调节剂使用[25-27]，其结构如图3-12所示。胸腺五肽中含有四个氨基功能基团，其中三个为带正电荷的位点，另一个虽然不带电荷，但是具有极性。此外，胸腺五肽中还含有两个带负电荷的羧基功能基团。

如图4-11所示，离子液体功能化纳米微球同没有离子液体功能化的P(PEGDMA-VI)纳米微球相比，对胸腺五肽的吸附量都非常低，且无明显变化。这是因为当pH值为7.4时，胸腺五肽整体带正电荷，所以带正电的咪唑鎓基团会与胸腺五肽分子产生较强的静电排斥作用。尽管这些离子液体功能化纳米微球的表面功能基团有显著差异，但这些功能基团与胸腺五肽分子之间在静电排斥的情况下，无法产生较强而稳定的相互作用。因此，于水相条件下结合生物分子时，静电相互作用是一种主要的驱动力。此外，该结果还表明，对于人体免疫六肽分子，其他相互作用如氢键、π-π堆积或范德华力等在形成稳定结构的过程中也发挥着必不可少的作用。

（2）等温吸附性能

在同等温度下，使用pH值为7.4的磷酸缓冲溶液配制初始浓度为0.025～0.25mg·mL⁻¹的人体免疫六肽溶液，研究离子液体功能化的高交联树莓型纳米微球对人体免疫六肽的吸附性能。

如图4-12所示，没有进行离子液体功能化的P(PEGDMA-VI)纳米微球对人体免疫六肽的吸附量在人体免疫六肽初始浓度为0.075mg·mL⁻¹时开始达到饱和。对于P(PEGDMA-VI)@CD和P(PEGDMA-VI)@CAA这两种离子液体功能化的纳米微球，在人体免疫六肽初始浓度为0.15mg·mL⁻¹时，对人体免疫六肽的吸附量均达到最大值。随着人体免疫六肽浓度的增加，P(PEGDMA-VI)@CA和P(PEGDMA-VI)@ECA这两种纳米微球对人体免疫六肽的吸附量不断增加，并在人体免疫六肽浓度低于0.20mg·mL⁻¹时达到饱和吸附。在人体免疫六肽浓度高于0.20mg·mL⁻¹时，所有的纳米微球均达到饱和吸附。因为所有的纳米微球都已用pH值为7.4的磷酸缓冲溶液将表面以非常弱的作用力吸附的人体免疫六肽分子洗脱干净。因此，以上结果所得到的吸附量均为饱和吸附量。

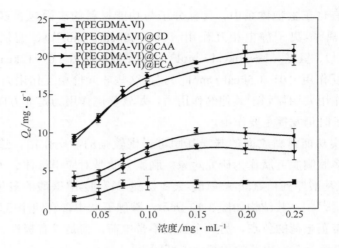

图 4-12

P(PEGDMA-VI)载体和离子液体功能化纳米微球的吸附等温曲线

P(PEGDMA-VI)@CA 和 P(PEGDMA-VI)@ECA 相较于其他类型的离子液体功能化纳米微球，对于人体免疫六肽显示出更为优异的吸附能力，使用 Langmuir 线性模型和 Freundlich 吸附模型来分析实验所得的吸附数据[28]

$$\frac{C_e}{Q_e} = \frac{C_e}{Q_m} + \frac{1}{K_L Q_m} \qquad (4-1)$$

$$Q_e = K_F C_e^{1/n} \qquad (4-2)$$

式中，Q_e 和 Q_m 分别为微球对人体免疫六肽的实验吸附量和理论最大吸附量，$mg \cdot g^{-1}$；C_e 为人体免疫六肽溶液达到吸附平衡时的浓度，$mg \cdot mL^{-1}$；K_L 为 Langmuir 吸附常数，$L \cdot mg^{-1}$；K_F 和 n 均为 Freundlich 吸附平衡常数。

表 4-5 为计算得到的 P(PEGDMA-VI)@CA 和 P(PEGDMA-VI)@ECA 对人体免疫六肽吸附的 Langmuir 以及 Freundlich 吸附平衡常数。通过比较相关系数得出，随着吸附浓度的变化，Langmuir 等温吸附模型的拟合效果优于 Freundlich 等温吸附模型。因此，Langmuir 等温吸附模型更适合描述吸附过程，表明 P(PEGDMA-VI)@CA 和 P(PEGDMA-VI)@ECA 的表面仅有一种类型的结合位点，且结合位点对于人体免疫六肽分子的亲和力是均质的。P(PEGDMA-VI)@CA 和 P(PEGDMA-VI)@ECA 的 K_L 值分别为 $0.0226 L \cdot mg^{-1}$ 和 $0.0202 L \cdot mg^{-1}$，P(PEGDMA-VI)@CA 和 P(PEGDMA-VI)@ECA 的 K_L 值的差异表明，微球表面功能基团不同，在吸附人体免疫六肽分子时的作用也不同，也就是说，微球对于生物分子的吸附行为可通过良好的材料表面化学性质设计来调控。

表 4-5　P(PEGDMA-VI)@CA 和 P(PEGDMA-VI)@ECA 纳米微球
对人体免疫六肽的吸附平衡常数

吸附模型	Langmuir			Freundlich		
纳米微球	Q_m /mg·g^{-1}	K_L /L·mg^{-1}	相关系数	K_F /mg·g^{-1}	$1/n$	相关系数
P(PEGDMA-VI)@CA	23.6	0.0226	0.9986	35.6	0.3544	0.9930
P(PEGDMA-VI)@ECA	25.6	0.0202	0.9924	38.8	0.3734	0.9894

（3）吸附动力学

从图 4-13 可以看出，在整个吸附过程中，所有的离子液体功能化高交联树莓型纳米微球均表现出比没有离子液体功能化的 P(PEGDMA-VI)纳米微球更高的吸附量。此外，在吸附的初始阶段，所有的离子液体功能化的高交联树莓型纳米微球均表现出快速增长的吸附速率，随着时间的延长，吸附速率逐渐减慢。约 20min 后，吸附过程达到平衡状态，表明人体免疫六肽分子能够快速到达微球表面的结合位点。特别地，对于 P(PEGDMA-VI)@CD 和 P(PEGDMA-VI)@CAA，良好的亲水性及咪唑锑功能基团提供的大量的静电结合位点，使得微球表面具有良好的吸附能力并能够快速结合人体免疫六肽分子。此外，P(PEGDMA-VI)@CD 和 P(PEGDMA-VI)@CAA 表面的结合位点仅分布在微球表面，能够降低人体免疫六肽分子的传质阻力，因而它们具有快速吸附生物分子的特性，这对实现印迹位点均匀的分子印迹纳米微球制备是非常重要的。

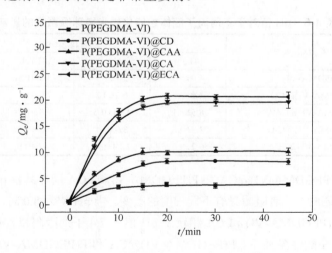

图 4-13

P(PEGDMA-VI)纳米微球和离子液体功能化微球吸附人体免疫六肽分子的吸附动力学曲线

（4）体系 pH 值对吸附性能的影响

已经探讨了离子液体功能化高交联树莓型纳米微球相较于非离子液体功能化

微球在吸附人体免疫六肽性能上的优越性，也研究了表面化学中不同的功能基团在人体免疫六肽溶液的 pH 值为 7.4 时，微球对人体免疫六肽吸附性能的影响。众所周知，吸附介质的 pH 值是影响基质对目标分子吸附性能的一个重要因素，因为体系的 pH 值会影响吸附质和目标分子的带电情况。因此，分析了人体免疫六肽浓度为 $0.20mg \cdot mL^{-1}$ 的磷酸缓冲溶液中，在一系列 pH 值条件下，不同离子液体功能化纳米微球对人体免疫六肽吸附量的差异。

如表 4-6 所示，磷酸缓冲溶液 pH 值的改变对没有离子液体功能化纳米微球，即 P(PEGDMA-VI)纳米微球的吸附量并无明显影响，表明无论是在酸性还是在碱性条件下，P(PEGDMA-VI)纳米微球与人体免疫六肽之间均无较强的相互作用。对于 P(PEGDMA-VI)@CD，在酸性条件下的吸附量要低于在碱性条件下的吸附量。然而由于 P(PEGDMA-VI)@CD 表面疏水长烷基链的存在，吸附量在各 pH 条件下均不是十分理想。对于 P(PEGDMA-VI)@CAA，不同 pH 条件下的吸附量呈现显著差异，表明 P(PEGDMA-VI)@CAA 由于同时具有咪唑鎓基团和羧基基团两种可离子化的功能基团，因而具备 pH 敏感性。如上述探讨，在 pH 值为 7.4 时，P(PEGDMA-VI)@CAA 的吸附量相当低，这是由羧基基团的部分或完全电离所致。然而，在酸性条件下，如 pH 值为 5.0 和 3.0 时，羧基功能基团不易电离且是良好的氢键供体，但因为咪唑鎓功能基团与人体免疫六肽分子之间的静电排斥，P(PEGDMA-VI)@CAA 仍不能获得较高的吸附量。

表 4-6　pH 值对于不同离子液体功能化纳米微球吸附量的影响

纳米微球	吸附量/mg · g^{-1}			
	pH 3.0	pH 5.0	pH 7.4	pH 8.0
P(PEGDMA-VI)	4.0±0.5	3.7±0.3	3.5±0.2	3.1±0.2
P(PEGDMA-VI)@CD	4.6±0.5	6.2±0.7	7.9±0.6	8.6±0.4
P(PEGDMA-VI)@CAA	8.5±1.1	13.1±0.5	9.9±0.7	4.4±0.3
P(PEGDMA-VI)@CA	3.3±0.8	8.9±0.4	19.5±1.2	21.3±0.7
P(PEGDMA-VI)@ECA	6.2±0.6	12.4±0.4	20.6±0.9	22.0±0.4

此外，P(PEGDMA-VI)@CA 和 P(PEGDMA-VI)@ECA 同样具备 pH 敏感性质。当 pH 条件不同时，二者吸附量有不同程度的改变。当 pH 值为 8.0 时，P(PEGDMA-VI)@CA 和 P(PEGDMA-VI)@ECA 相较于 pH 值为 7.4 下的吸附量，仅有小幅度的增加。然而，在酸性条件下，P(PEGDMA-VI)@CA 和 P(PEGDMA-VI)@ECA 的吸附量急剧下降，这同样可以解释为咪唑鎓功能基团与人体免疫六肽分子之间的静电排斥所致。值得注意的是，P(PEGDMA-VI)@CA 的吸附量比 P(PEGDMA-VI)@ECA 的吸附量下降得更多，可能的原因为 P(PEGDMA-VI)@CA 表面的氨基离子化后带有正电荷，导致 P(PEGDMA-VI)@CA 与人体免疫六肽分子之间的静电排斥增

强。通过上述分析，证实了离子液体功能化纳米微球表面的功能基团决定了它们的 pH 敏感特性。因此，离子液体功能化纳米微球的 pH 敏感性决定了其在实际中可被用于实现对人体免疫六肽的可控固载与释放。

（5）交联度对吸附性能的影响

单体与交联剂在功能单体的聚合活性中存在差异，确切地说，在不同的聚合阶段，聚合物的交联程度有很大的不同。因此，使用体积测定的溶胀度法来表征聚合物微球交联度。

用以制备高交联树莓型 P(PEGDMA-VI)纳米微球的单体和交联剂均为疏水性的，然而，由表 4-6 所示，高交联树莓型纳米微球经离子液体功能化后，微球表面的亲水性均得到了不同程度的提高，尤其是 P(PEGDMA-VI)@CAA、P(PEGDMA-VI)@CA 和 P(PEGDMA-VI)@ECA。考虑到 pH 值为 7.4 时，P(PEGDMA-VI)@CAA 的吸附能力并不理想，仅为 $9.9mg \cdot g^{-1}$，因此，选择在不同聚合时间聚合得到的不同交联度的 P(PEGDMA-VI)纳米微球经过离子液体功能化得到的 P(PEGDMA-VI)@CA 和 P(PEGDMA-VI)@ECA 作为研究对象，以探讨在人体免疫六肽浓度为 $0.20mg \cdot mL^{-1}$ 的磷酸缓冲溶液（pH=7.4）中，不同交联度对微球吸附人体免疫六肽性能的影响。

表 4-7　溶胀度对不同时间制备的 P(PEGDMA-VI)@CA 和 P(PEGDMA-VI)@ECA 吸附人体免疫六肽性能的影响

聚合时间/h	纳米微球			
	P(PEGDMA-VI)@CA		P(PEGDMA-VI)@ECA	
	溶胀度/%	吸附量/mg · g⁻¹	溶胀度/%	吸附量/mg · g⁻¹
0.25	5±3	9.8±0.3	4±2	9.9±0.9
0.5	4±1	15.0±0.6	4±3	15.8±0.6
1.0	7±1	12.1±0.5	6±2	12.5±0.3
1.5	9±2	19.5±1.2	7±2	20.6±0.9
2	11±4	18.2±0.2	12±3	19.8±0.7
4	15±2	24.3±0.7	13±4	26.1±0.5
6	22±3	19.5±0.5	18±3	21.8±0.6
8	23±2	19.7±0.8	17±6	20.6±1.1

如表 4-7 所示，不同的聚合时间下制得的高交联树莓型纳米微球经过离子液体功能化得到的 P(PEGDMA-VI)@CA 和 P(PEGDMA-VI)@ECA，在含有人体免疫六肽的磷酸缓冲溶液中均有不同程度的溶胀。当聚合时间小于 4h 时，当聚合时间分别为 0.25h、0.5h、1.0h 和 1.5h 时，P(PEGDMA-VI)@CA 和 P(PEGDMA-VI)@ECA 的溶胀度均很低，说明其具备高交联结构。聚合时间为 1.5h 时制备的 P(PEGDMA-VI)@CA 和 P(PEGDMA-VI)@ECA 的吸附量要远远高于其他聚合时间下的吸附

量，如 0.25h、0.5h 和 1h。聚合时间为 1.5h 制备的微球的平均粒径会明显增加，这可能是由于在 1.5h 的聚合时间下得到的高交联树莓型纳米微球具有最高的咪唑功能基团密度。因此，相应的 P(PEGDMA-VI)@CA 和 P(PEGDMA-VI)@ECA 纳米微球也含有最高的咪唑鎓功能基团密度以结合更多的人体免疫六肽分子。

当聚合时间延长时，P(PEGDMA-VI)@CA 和 P(PEGDMA-VI)@ECA 的溶胀度增加，表明在聚合时间 1.5h 之后，微球表面上聚合物层的交联度要低于先前聚合物层的交联度。此外，在聚合 1.5h 之后，P(PEGDMA-VI)@CA 和 P(PEGDMA-VI)@ECA 的吸附量呈现不规则的变化规律，聚合 4h 得到的 P(PEGDMA-VI)@CA 和 P(PEGDMA-VI)@ECA 的吸附量最高。这是由于随着溶胀度的增加，越来越多的结合位点会暴露于溶剂中。尽管表面的功能基团含量降低，但由于微球溶胀使更多结合位点暴露，也有利于结合人体免疫六肽分子。因此，离子液体功能化纳米微球溶胀度的增加可以增加结合位点数目，并提高对人体免疫六肽分子的吸附量。

然而，对于高交联的纳米微球而言，溶胀行为应当尽量避免以维持微球的原始结构。在一些药物装载/释放的应用领域，药物需要在短时间内释放，并且药物载体不能够因为溶胀而破坏宿主。因此，提高单分散高交联材料表面的药物装载量以实现药物的快速装载和释放，并且提高材料表面的功能基团密度以实现优异的药物装载能力，都是未来药物载体的研究方向。

4.4.2　模板固定化机理

为了更进一步研究 P(PEGDMA-VI) 纳米微球对人体免疫六肽的固定化机理，使用理论计算，从分子水平上探索 P(PEGDMA-VI) 纳米微球与人体免疫六肽之间的作用方式，为扩展设计具有特殊表面化学性质的纳米微球，实现其更为广泛的应用提供理论基础。

（1）模型的建立

在以上研究结果中，离子液体功能化的树莓型高交联纳米微球的制备过程和表面结构均已被证实。此外，溶胀度试验结果表明，P(PEGDMA-VI) 纳米微球具有较高的交联结构及极低的溶胀度。因此，P(PEGDMA-VI) 纳米微球的内部结构可认为是刚性结构，因此整个纳米微球可以认为是刚性载体。不同纳米微球的差异仅仅局限于其表面的部分链段，其中不包括咪唑鎓基团。在真实的吸附体系中，咪唑鎓基团对于纳米微球结合目标分子固然重要。然而，为了更有效地研究除咪唑鎓基团之外的功能链段对人体免疫六肽的作用机理，所研究的功能链段的计算模型应该被简化，即简约而不简单。此外，对于涉及电子性质的计算，模型应该被简化以降低计算量。

在设计功能纳米微球对生物分子的结合时，首先需要考虑以下几个因素。对于生物分子而言，主要涉及亲水和疏水作用。生物分子的疏水区域通常在生物分子的内部，如芳香基团和烷基链，而极性基团如氨基和羧基通常暴露在外。对于药物多肽分子人体免疫六肽而言，有 3 个疏水氨基酸残基和 3 个亲水氨基酸残基。如图 4-14 所示，通过对人体免疫六肽的结构分析可得，人体免疫六肽具有 4 个典型的亲水结合位点，分别标记为 BS1、BS2、BS3 和 BS4。需要特别指出的是，尽管人体免疫六肽主链上的酰氨基团同样具有氢键结合位点，但是由于受到空间位阻的影响，这些酰氨基团相比于侧链和链端的亲水位点是不易被结合的。因此，设计具有不同亲水和疏水特性的纳米微球以实现对人体免疫六肽的固定化是很有必要的。此外，不同人体免疫六肽分子之间的相互作用可能无法被忽略，在简化的模型中，人体免疫六肽和功能链的分子比例选择为 1：1。这是因为在真实的吸附体系中，实现纳米微球表面对人体免疫六肽的吸附之后，所有的纳米微球表面都使用 pH 值为 7.4 的磷酸缓冲溶液进行冲洗，直至洗脱液中无人体免疫六肽检出为止。从一定程度来说，本模型是合理的。图 4-15 所示为不同离子液体功能化的树莓型高交联纳米微球的简化模型，分别命名为 CD^*、CA^*、CAA^*、ECA^* 和 ACA^*。

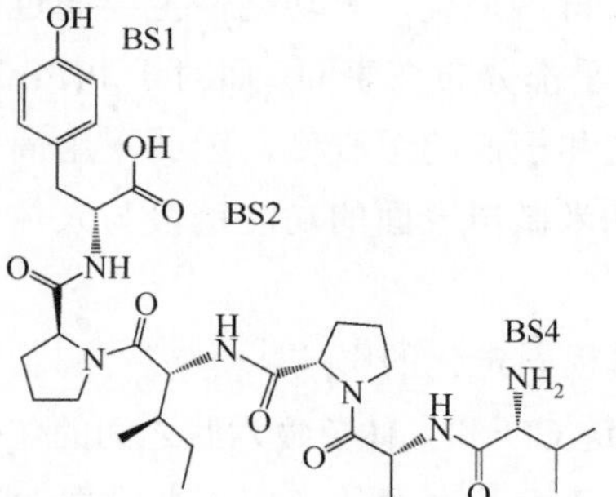

图 4-14

人体免疫六肽的侧链和链端的四个极性位点

（2）计算方法的选择

在使用计算手段进行课题的研究时，主要涉及分子动力学模拟和量子力学计算。通常来说，对于原子数目多于 500 的计算体系，使用量子力学计算不容易实现，然而分子动力学模拟又无法获得与电子相关的信息。因此，建立离子液体功能化的树莓型高交联纳米微球的整个模型很难。

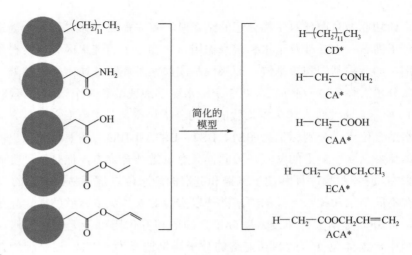

图 4-15

不同离子液体功能化的 P(PEGDMA-VI)纳米微球的简化模型

P(PEGDMA-VI)纳米微球的单分散性较好，平均尺寸约为 850nm，而且其表面的纳米粒子的大小为 45～90nm，而人体免疫六肽的三维尺寸经计算约为 2.0nm×1.4nm×1.2nm，因此纳米微球的表面可以近似当作平面。此外，对于近似刚性或者绝对刚性的纳米材料来说，其功能性主要通过表面性质来体现，也就是说，可利用的功能基团几乎都分布在表面。而对于 P(PEGDMA-VI)纳米微球而言，由于其具有高交联的结构和极低的溶胀度，因此采用简化模型，在连续介质环境中使用量子力学来研究纳米微球表面的功能链段与人体免疫六肽之间的作用机理是合适的。

（3）疏水链 CD*对模板固定化的影响

如表 4-8 所示，疏水链 CD*和人体免疫六肽之间的作用能仅有-1.57kJ • mol⁻¹，表明疏水链 CD*和人体免疫六肽之间的作用力非常弱。此外，从图 4-16 可以得知，疏水链 CD*和人体免疫六肽之间的最近原子距离约为 4.758Å，说明 CD*和人体免疫六肽之间没有强的结合位点。CD*和人体免疫六肽之间的极弱相互作用可能是由人体免疫六肽的疏水区域如苯环与 CD*之间的疏水相互作用所致。

在真实的吸附体系中，尽管 P(PEGDMA-VI)@CD 表面有大量的咪唑鎓基团存在，但是 P(PEGDMA-VI)@CD 对人体免疫六肽的吸附能力也有可能会受到抑制，这是因为 P(PEGDMA-VI)@CD 表面的疏水链段与人体免疫六肽之间的作用力太弱。P(PEGDMA-VI)@CD 对人体免疫六肽的吸附量仅为 7.9mg • g⁻¹，表明 P(PEGDMA-VI)@CD 表面疏水链的存在不利于咪唑鎓基团对人体免疫六肽的结合。

表 4-8　不同功能链与人体免疫六肽之间的作用能

纳米微球	简化的模型	作用能/kJ·mol^{-1}
P(PEGDMA-VI)@CD	CD*	−1.57
P(PEGDMA-VI)@CA	CA*	−28.6（BS1）、−46.3（BS2）、−42.6（BS3）、−0.6（BS4）
P(PEGDMA-VI)@CAA	CAA*	−18.6（BS1）、−47.5（BS2）、−47.7（BS3）、−5.7（BS4）
P(PEGDMA-VI)@ECA	ECA*	−22.3（BS1）、−28.6（BS2）、−21.1（BS3）、−5.3（BS4）
P(PEGDMA-VI)@ACA	ACA*	−21.7（BS1）、−27.8（BS2）、−24.2（BS3）、−5.5（BS4）

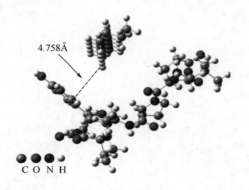

C O N H

图 4-16

CD*与人体免疫六肽的稳定结构和最近原子距离

（4）极性链 CA*对模板固定化的影响

对于带有酰氨基团的 CA*而言，主要涉及氢键相互作用。尽管氢键在一定程度上会受到水分子的影响，但是由于氢键具有方向性，其在水相中始终是一种非常重要的作用力。

众所周知，酰氨基团是良好的氢键供体。如图 4-17 所示，CA*和人体免疫六肽之间存在四种可能的结合位点。在结合位点 BS1 处，CA*与人体免疫六肽之间的作用能是−28.57kJ·mol^{-1}，氢键距离是 1.699Å，表明酰氨基团可以与人体免疫六肽的酚羟基形成较强的相互作用。在结合位点 BS2 和 BS3 处，CA*与人体免疫六肽之间的作用能分别是−46.30kJ·mol^{-1}和−42.61kJ·mol^{-1}，表明酰氨基团可与 CAA 的羧基基团形成更强的氢键相互作用。在结合位点 BS2 处，人体免疫六肽的 O 和 CA*的 H 之间的氢键距离是 1.542Å；此外，人体免疫六肽的 H 和 CA*的 O 之间的氢键距离是 1.968Å。在结合位点 BS3 处，人体免疫六肽的 O 和 CA*的 H 之间的氢键距离是 1.597Å，人体免疫六肽的 H 和 CA*的 O 之间的氢键距离是

1.951Å。也就是说，对于酰氨基团和羧基基团而言，较稳定的氢键作用使得它们之间可以形成较强的相互作用，这也是非常合理的，因为酰氨基团是较好的氢键供体，而羧基是较好的氢键受体。而在结合位点 BS4 处，CA*与人体免疫六肽之间的作用能是$-0.62kJ \cdot mol^{-1}$，最近原子距离是 3.707Å，表明酰氨基团和氨基基团之间的作用力较弱。

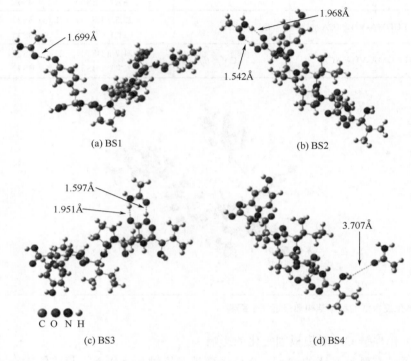

(a) BS1

(b) BS2

(c) BS3

(d) BS4

C O N H

图 4-17

CA*与人体免疫六肽的稳定构型和最近原子作用距离

酰氨基团更容易和人体免疫六肽的羧基基团形成较强的作用位点，酚羟基的作用能力其次，而氨基最弱。在真实的吸附体系中，P(PEGDMA-VI)@CA 表面对于人体免疫六肽的吸附将涉及多种作用位点的协同相互作用，从而使得 P(PEGDMA-VI)@CA 对人体免疫六肽具有较高的吸附能力。尽管在 pH 值为 7.4 的缓冲体系中，人体免疫六肽的羧基基团会被部分离子化，但是人体免疫六肽的羧基基团的离子化属于动态平衡过程，因此 P(PEGDMA-VI)@CA 表面的酰氨基团和人体免疫六肽的羧基基团之间仍然会形成较强的作用位点，从而使得 P(PEGDMA-VI)@CA 具有较优异的吸附量。

在真实体系中，P(PEGDMA-VI)@CA 对人体免疫六肽的吸附量高达 19.5mg $\cdot$ g^{-1}。

相比于具有疏水基团的 P(PEGDMA-VI)@CD，P(PEGDMA-VI)@CA 表面的酰氨功能基团对提高 P(PEGDMA-VI)@CA 对人体免疫六肽的吸附量具有非常重要的作用。

（5）极性链 CAA* 对模板固定化的影响

除了研究具有良好氢键结合位点的 P(PEGDMA-VI)@CA 对人体免疫六肽的结合机理，表面具有可离子化功能基团的 P(PEGDMA-VI)@CAA，其表面是羧基功能基团，也是一类重要的结合位点。如图 4-18 所示，CAA* 和人体免疫六肽的酚羟基之间具有较强的作用能，为 $-18.61\text{kJ} \cdot \text{mol}^{-1}$，氢键距离为 1.820Å。此外，在结合位点 BS2 和 BS3 处，二者之间的作用能分别为 $-47.52\text{kJ} \cdot \text{mol}^{-1}$ 和 $-47.72\text{kJ} \cdot \text{mol}^{-1}$。同样，CAA* 的羧基和人体免疫六肽的羧基之间的相互结合也有两个氢键结合位点。在 BS2 处，氢键距离分别为 1.612Å 和 1.688Å；在 BS3 处，氢键距离分别为 1.649Å 和 1.651Å。这表明，羧基不仅是较好的氢键供体，也是较好的氢键受体。

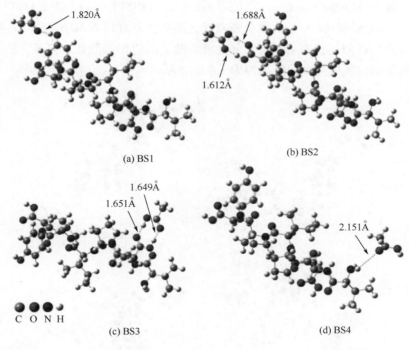

图 4-18

CAA* 与人体免疫六肽的稳定构型和最近原子作用距离

然而，P(PEGDMA-VI)@CAA 对人体免疫六肽的吸附性能（$9.9\text{mg} \cdot \text{g}^{-1}$）却没有 P(PEGDMA-VI)@CA 高，这很有可能是 P(PEGDMA-VI)@CAA 和人体免疫六肽的羧基被离子化，从而形成了静电排斥所致。因此，在 pH 值为 7.4 的磷酸缓冲体系中，带有羧基功能基团的 P(PEGDMA-VI)@CAA 吸附人体免疫六肽效果不佳。尽管在 BS4 处，CAA*和人体免疫六肽的作用能和氢键距离分别为 $-5.65 kJ \cdot mol^{-1}$ 和 2.151Å，但是 P(PEGDMA-VI)@CAA 表面的功能基团的协同相互作用对于人体免疫六肽的结合能力还是很弱。也就是说，对于表面具有离子化功能基团的纳米微球，所建立的局部模型并不能准确反映纳米微球对人体免疫六肽的结合机理。但是 P(PEGDMA-VI)@CAA 对人体免疫六肽的吸附具有 pH 敏感性，并且在实验中已经得到证实。

（6）功能链段 ECA*和 ACA*对模板固定化的影响

为了补充以上研究结果，研究了同样具有氢键作用位点的 ECA*和 ACA*与人体免疫六肽之间的结合机理，如图 4-19 和图 4-20 所示。ECA*和人体免疫六肽之间的四个结合位点的作用能分别为 $-22.32 kJ \cdot mol^{-1}$、$-28.63 kJ \cdot mol^{-1}$、$-21.14 kJ \cdot mol^{-1}$ 和 $5.31 kJ \cdot mol^{-1}$，ACA*和人体免疫六肽之间的四个结合位点的作用能分别为 $-21.65 kJ \cdot mol^{-1}$、$-27.82 kJ \cdot mol^{-1}$、$-24.15 kJ \cdot mol^{-1}$ 和 $5.45 kJ \cdot mol^{-1}$。结果表明，ECA*和 ACA*与人体免疫六肽之间同样具有较强的结合位点，尽管这些结合位点的作用能没有 CA*与人体免疫六肽之间的作用能低，但是它们与人体免疫六肽之间的氢键结合的距离约为 1.6～1.8Å。

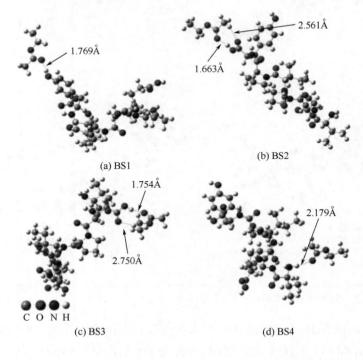

(a) BS1

(b) BS2

(c) BS3

(d) BS4

图 4-19

ECA*与人体免疫六肽的稳定构型和最近原子距离

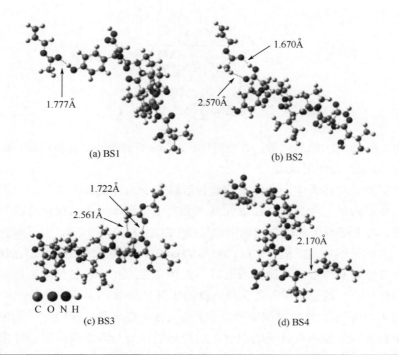

(a) BS1   (b) BS2

(c) BS3   (d) BS4

图 4-20

ACA*与人体免疫六肽的稳定构型和最近原子距离

  值得注意的是，除了功能基团与人体免疫六肽之间可形成较强的结合位点之外，空间结构的匹配也是非常重要的。P(PEGDMA-VI)@ECA 和 P(PEGDMA-VI)@ACA 对人体免疫六肽的吸附能力均略高于 P(PEGDMA-VI)@CA，这表明，尽管 P(PEGDMA-VI)@ECA 和 P(PEGDMA-VI)@ACA 表面的酯基与人体免疫六肽的功能基团的作用能没有 P(PEGDMA-VI)@CA 大，但是 P(PEGDMA-VI)@ECA 和 P(PEGDMA-VI)@ACA 对人体免疫六肽在空间结构上的位点匹配，即多种作用位点的协同作用会优于 P(PEGDMA-VI)@CA，因此二者对人体免疫六肽均具有较高的吸附性能。

（7）模板固定化机理分析

  生物分子被固载到载体的表面通常是靠载体和生物分子的功能基团之间的相互作用来实现。对于生物分子而言，考虑到空间位阻的影响，其主链上的酰胺键不容易与载体形成相互作用，而侧链和链端的功能基团往往具有决定性作用。因此，将生物分子与载体之间的相互作用研究集中在侧链或者链端与载体的功能基团之间的作用是合理的。由于结合位点的分布遵循玻尔兹曼分布，热平衡时结合位点的分布概率（P_i）和作用能（$\Delta E'$）可以通过以下公式进行计算

$$P_i = \frac{\exp\left(\dfrac{-\Delta E_i}{k_\mathrm{B}T}\right)}{\displaystyle\sum_i^N \exp\left(\dfrac{-\Delta E_i}{k_\mathrm{B}T}\right)}$$

$$\Delta E' = \sum_i^N \Delta E_i P_i$$

式中，k_B 为玻尔兹曼常数；T 为温度；ΔE_i 为结合位点 i 的作用能；N 为总结合位点数目；$\Delta E'$ 为作用能。

在真实的吸附体系中，水分子的数目远远多于人体免疫六肽分子。因此，相比于人体免疫六肽，水分子会在很大概率上优先与载体表面的极性功能基团形成相互作用。对于带有疏水侧链的纳米微球 P(PEGDMA-VI)@CD，由于水分子的极性较强，水分子不容易靠近 P(PEGDMA-VI)@CD 的表面疏水链段。也就是说，只有当水分子容易靠近纳米微球表面时，人体免疫六肽才容易与纳米微球表面的功能基团相结合，这也是由人体免疫六肽的水溶性所致。

如图 4-21 所示，计算结果表明，CD*和人体免疫六肽之间的作用能很低，因此不利于与人体免疫六肽分子的结合，所得到的结果与静态吸附实验结果一致。而对于纳米微球 P(PEGDMA-VI)@CA、P(PEGDMA-VI)@ECA 和 P(PEGDMA-

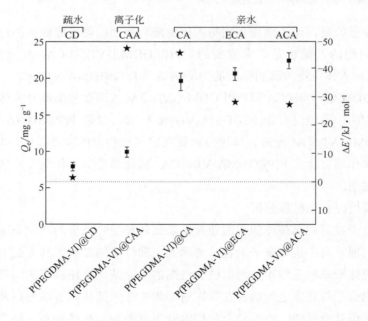

图 4-21

不同纳米微球表面的功能链与人体免疫六肽之间的吸附量和平均作用能之间的关系

VI)@ACA 而言，由于其表面均有氢键结合位点，且平均作用能较低，因此水分子容易靠近，这已经在接触角实验中得到了证实，因此它们同样易于结合人体免疫六肽。需要指出的是，纳米微球 P(PEGDMA-VI)@CA、P(PEGDMA-VI)@ECA 和 P(PEGDMA-VI)@ACA 表面均有氢键结合位点，但是这些功能基团对人体免疫六肽的结合能力存在一定的差异，因此它们在结合人体免疫六肽时也会存在不同程度的差异，这和实验结果一致。对于纳米微球 P(PEGDMA-VI)@CAA 而言，由于存在静电排斥，其在 pH 值为 7.4 的磷酸缓冲溶液中对人体免疫六肽的吸附量并不高，但是却具有 pH 敏感特性。对于纳米微球 P(PEGDMA-VI)@CA、P(PEGDMA-VI)@ECA 和 P(PEGDMA-VI)@ACA 而言，由于其表面的咪唑鎓基团的存在，它们在不同的 pH 环境下同样具有 pH 敏感特性。

以上分析结果进一步表明，纳米微球对人体免疫六肽的固定化可以通过对纳米微球表面的功能基团进行调控。对于亲水性的多肽，可以在微球表面修饰亲水性的功能基团或侧链，通过氢键或者静电相互作用达到模板固定化的目的。以上实验结果为精确制备具有特异性识别能力的分子印迹纳米微球提供了理论基础。

4.4.3　识别与吸附性能

（1）平衡吸附性能

为了进一步研究树莓型核壳表面分子印迹纳米微球（MRHCMIMs）的吸附和识别能力，以人体免疫六肽浓度为 0.20mg·mL^{-1}的磷酸缓冲溶液进行等温吸附实验。

如图 4-22 所示，不同 MRHCMIMs 对模板分子人体免疫六肽的吸附能力与其相应的离子液体功能化纳米微球相比均略有下降。虽然在聚合体系中因单体和交联剂的存在会导致其与模板固定化体系有所不同，但它仍然是一个自组装的过程。考虑到离子静电作用比其他的作用力更强，如氢键、π-π 堆积和范德华力，在合成分子印迹聚合物壳层时，咪唑鎓基团在固定人体免疫六肽分子的过程中可能起主导作用，这确保了分子印迹微球对人体免疫六肽的吸附能力不会急剧下降。然而，不同 MRHCMIMs 的吸附性能则表现出了较大的差异。MRHCMIMs@CA、MRHCMIMs@ECA 和 MRHCMIMs@ACA 的吸附量仍然比其他的 MRHCMIMs 高，这表明在形成分子印迹聚合物壳层后，烷基链的性质对于结合人体免疫六肽发挥了重要作用。此外，MRHCMIMs@CA、MRHCMIMs@ECA 和 MRHCMIMs@ACA 的印迹因子（IF）也比其他 MRHCMIMs 高，这表明烷基链的性质，如亲水性、氢键供体或受体可以提高识别性能。值得注意的是，MRHCMIMs@ECA 的吸附量（19.4mg·g^{-1}）与 MRHCMIMs@CA（18.9mg·g^{-1}）相近且它们的印迹因子无明显差异，说明 MRHCMIMs@CA 中的氨基和 MRHCMIMs@ECA 中的酯基在结合人体免疫六肽的过程中发挥相似的作用。此外，MRHCMIMs@ACA 表现出了优异的性能，包括对人体免疫六肽的吸附能力和识别能力，这可能是在分子印迹聚合物壳层的制备中，单体和交联剂与烷基链中 C═C 双键的聚合引起的。烷基链中的 C═C 双键参与的聚合反应可能会改变印迹孔穴或印迹层的性质，从而可以得到具有优异吸附、识别性能的分子印迹聚合物壳层。

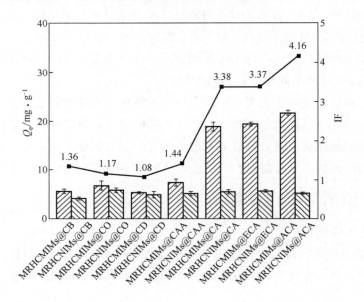

图 4-22

不同 MRHCMIMs 对人体免疫六肽的吸附与识别性能

以丙烯酰胺为功能单体、1-(α-乙酸烯丙酯)-3-乙烯基咪唑氯为交联剂和胸腺五肽为模板分子制备的高交联核壳表面分子印迹纳米微球[29]，所得的表面分子印迹纳米微球对模板胸腺五肽具有良好的吸附能力和特异识别性。尽管以 N,N'-亚甲基双丙烯酰胺为交联剂、人体免疫六肽为模板分子制得的单分散高交联树莓型人体免疫六肽表面分子印迹纳米微球 MRHCMIMs@ACA 对人体免疫六肽的吸附能力比之前的研究结果有所降低，然而其识别性能却得到了极大的提高，这有利于 MRHCMIMs@ACA 从人体免疫六肽的类似物中准确地识别人体免疫六肽。

MRHCMIMs@CA、MRHCMIMs@ECA 和 MRHCMIMs@ACA 相比于其他表面分子印迹纳米微球具有较好的吸附性能和识别能力，因此，对 MRHCMIMs@CA、MRHCMIMs@ECA 和 MRHCMIMs@ACA 的等温吸附行为进行了研究，人体免疫六肽的初始浓度范围为 $0.025 \sim 0.2\text{mg} \cdot \text{mL}^{-1}$。使用非线性的 Langmuir 和 Freundlich

等温吸附模型来进行数据拟合

$$\frac{C_e}{Q_e} = \frac{C_e}{Q_m} + \frac{1}{K_L Q_m}$$

$$Q_e = K_F C_e^{1/n}$$

式中，Q_e 为实际吸附人体免疫六肽的量，$mg \cdot g^{-1}$；Q_m 为分子印迹纳米微球的理论最大吸附量，$mg \cdot g^{-1}$；C_e 为吸附平衡时人体免疫六肽的浓度，$mg \cdot mL^{-1}$；K_L 为 Langmuir 吸附常数，$L \cdot mg^{-1}$；K_F 和 n 为 Freundlich 吸附平衡常数。

如图 4-23 所示，MRHCMIMs@CA、MRHCMIMs@ECA 和 MRHCMIMs@ACA 对人体免疫六肽的吸附量随着人体免疫六肽初始浓度的增加而增加。从图中还可看出，MRHCMIMs@CA、MRHCMIMs@ECA 和 MRHCMIMs@ACA 相比，MRHCMIMs@ACA 的吸附性能更优异。表 4-9 列出了 Langmuir 和 Freundlich 等温吸附模型计算出的平衡常数。根据相关系数的大小，在所给的浓度范围内，相比于 Freundlich 吸附模型，Langmuir 吸附等温模型拟合效果更好，这表明 MRHCMIMs@CA、MRHCMIMs@ECA 和 MRHCMIMs@ACA 对于人体免疫六肽的结合只形成了一种结合位点，这是由模板分子人体免疫六肽在印迹过程中的模板效应引起的。其中，MRHCMIMs@CA、MRHCMIMs@ECA 和 MRHCMIMs @ACA 不同的 K_L 值表明微球表面的化学性质和印迹孔穴在吸附人体免疫六肽时具有重要的作用。特别是 MRHCMIMs@ACA，相比于其他表面分子印迹纳米微球，对模板分子人体免疫六肽具有更好的亲和力以及更优异的吸附性能。

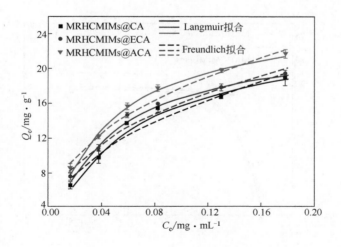

图 4-23

MRHCMIMs@CA、MRHCMIMs@ECA 和 MRHCMIMs@ACA 的等温吸附曲线

表 4-9   MRHCMIMs@CA、MRHCMIMs@ECA 和 MRHCMIMs@ACA 的等温吸附常数

吸附剂	吸附模型					
	Langmuir			Freundlich		
	Q_m /mg·g^{-1}	K_L /L·mg^{-1}	相关系数	K_F /mg·g^{-1}	$1/n$	相关系数
MRHCMIMs@CA	24.2	0.0190	0.9855	39.96	0.4196	0.9549
MRHCMIMs@ECA	23.7	0.0242	0.9927	38.19	0.3754	0.9611
MRHCMIMs@ACA	25.9	0.0251	0.9902	42.38	0.3718	0.9789

（2）吸附动力学

MRHCMIMs@CA、MRHCMIMs@ECA 和 MRHCMIMs@ACA 的吸附动力学研究如图 4-24 所示。在最初的 15min，MRHCMIMs@CA、MRHCMIMs@ECA 和 MRHCMIMs@ACA 对模板分子的吸附量迅速增加，而在 15～30min 其吸附速率增加变得缓慢。30min 后，MRHCMIMs@CA、MRHCMIMs@ECA 和 MRHCMIMs@ACA 对模板分子的吸附达到平衡。这说明模板分子很容易且能够快速地进入印迹孔穴。印迹孔穴中存在的咪唑鎓基团可以提供大量的静电作用位点，与人体免疫六肽中带相反电荷的羧基基团形成相互作用，从而可以快速结合人体免疫六肽分子。结合其他方向性的弱相互作用（如氢键），MRHCMIMs@CA、MRHCMIMs@ECA 和 MRHCMIMs@ACA 对模板分子人体免疫六肽可以实现较快且较稳定的匹配。此外，结合表面印迹技术也可以赋予表面分子印迹纳米微球较低的传质阻力。以上分析结果表明，由于静电力的驱动、多重作用位点的存在和有效的表面印迹孔穴，表面分子印迹纳米微球对模板分子人体免疫六肽展现出了较高的吸附速率。

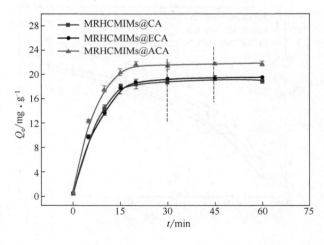

图 4-24

MRHCMIMs@CA、MRHCMIMs@ECA 和 MRHCMIMs@ACA 的吸附动力学曲线

（3）竞争识别性能

特异识别性能是人工识别材料特别重要的一个性质。选择在单一组分的溶液中具有较好识别性能的 MRHCMIMs@CA、MRHCMIMs@ECA 和 MRHCMIMs@ACA，研究其在含有竞争分子的溶液中的特异识别性能。如图 4-25 所示，人体免疫六肽的氨基酸序列为 H-Val-Glu-Pro-Ile-Pro-Tyr-OH。为了更有效地研究分子识别机理，选择氨基酸序列为 H-Val-Gly-Pro-Ile-Pro-Tyr-OH 的多肽分子作为竞争分子，其结构与模板分子有四个相同的氨基酸片段。

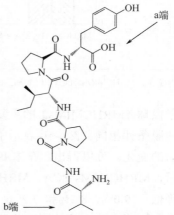

(a) 人体免疫六肽(H-Val-Glu-Pro-Ile-Pro-Tyr-OH)　　(b) 竞争多肽分子(H-Val-Gly-Pro-Ile-Pro-Tyr-OH)

图 4-25

多肽分子的结构式

如图 4-26 所示，与模板分子人体免疫六肽相比，所有 MRHCMIMs 对竞争多肽的吸附量都比较低，这表明 MRHCMIMs 对竞争分子的吸附被强烈抑制。在 pH 值为 7.0 的磷酸缓冲溶液中，人体免疫六肽分子有两个羧酸阴离子，然而其竞争分子只有一个羧酸阴离子。也就是说，由人体免疫六肽的 a 端形成的印迹孔穴不仅与人体免疫六肽的 a 端匹配，还可以与竞争分子结合。然而，由于三维空腔结构与竞争分子不匹配，由人体免疫六肽的 b 端形成的印迹孔穴仅仅与人体免疫六肽的 b 端匹配而与竞争分子不易匹配。相比竞争分子，人体免疫六肽可以与 MRHCMIMs 的咪唑鎓基团形成更多的结合位点；由人体免疫六肽形成的印迹孔穴的形状、大小和功能基团更易于与模板分子人体免疫六肽互补匹配。此外，由于竞争分子的存在，MRHCMIMs 对人体免疫六肽的吸附不可避免地会受到抑制。

（4）重复使用性能

重复使用性能是材料在实际应用中的一项重要指标。对树莓型核壳表面分子

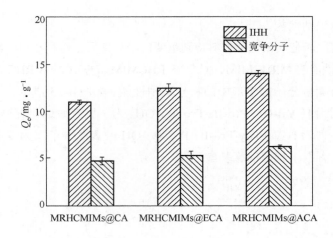

图 4-26

MRHCMIMs@CA、MRHCMIMs@ECA 和 MRHCMIMs@ACA 对模板分子人体免疫六肽（IHH）的竞争吸附

印迹纳米微球（MRHCMIMs）的重复使用性能进行了详细研究，洗脱模板的条件与前面洗脱条件相同。表 4-10 表示了每洗脱一次后 MRHCMIMs 对人体免疫六肽吸附能力的变化。可以得出，在浓度为 $0.2mg \cdot g^{-1}$ 的人体免疫六肽溶液中循环使用三次后，MRHCMIMs@CA、MRHCMIMs@ECA 和 MRHCMIMs@ACA 的吸附量仅仅降低了 9.0%、8.5%和 7.2%，这表明其印迹孔穴的结构还是相对稳定的。此外，这也证明由于合适的表面分子印迹壳层的存在，模板分子很容易被洗脱。不易溶胀的高交联树莓型纳米微球被应用于分子印迹中时具有优异的分子识别性能。因此，MRHCMIMs@CA、MRHCMIMs@ECA 和 MRHCMIMs@ACA 具有潜在的重复使用性能，这为其实际应用奠定了基础。

表 4-10　MRHCMIMs@CA、MRHCMIMs@ECA 和 MRHCMIMs@ACA 的重复使用性能

纳米微球	吸附量/mg · g^{-1}		
	使用一次	使用两次	使用三次
MRHCMIMs@CA	18.4±0.3	18.0±0.6	17.1±0.4
MRHCMIMs@ECA	18.8±0.7	17.4±0.3	17.6±0.7
MRHCMIMs@ACA	20.7±0.5	20.3±0.6	20.1±0.6

4.4.4　树莓型核壳表面分子印迹纳米微球的优势

已有研究报道使用离子液体作交联剂，在保持分子印迹材料识别性能不变的前提下，可以显著地提高吸附量。选择最常用的 N,N'-亚甲基双丙烯酰胺作为交联剂，但是以具有离子液体功能化的高交联树莓型纳米微球作为载体，通过模板分

子在微球表面的自组装，制备了单分散特性和高交联树莓型核壳结构的人体免疫六肽表面分子印迹微球 MRHCMIMs@CA、MRHCMIMs@ECA 和 MRHCMIMs@ACA。由于没有使用离子液体作交联剂，MRHCMIMs@CA、MRHCMIMs@ECA 和 MRHCMIMs@ACA 对人体免疫六肽的吸附量均有所降低。但是 MRHCMIMs@CA、MRHCMIMs@ECA 和 MRHCMIMs@ACA 对人体免疫六肽却存在较为优异的特异识别性能，印迹因子分别高达 3.38、3.37 和 4.16，MRHCMIMs@ACA 对模板分子人体免疫六肽的特异识别性能较为突出。

如果对分子识别材料的特异识别性能要求更高时，可以略微牺牲分子识别材料对目标分子的吸附量，从而有效凸显分子识别材料的特异识别性能；如果要求分子识别材料在保持对目标分子一定的识别性能时也具有较优异的吸附量，可以选择如咪唑类的离子液体来提供更多的结合位点，尤其是其可以显著增加对目标分子吸附的静电作用位点。

以纳米微球的表面模板固定化为研究目标，通过分散聚合法制备了具有单分散特性的新型高交联树莓型结构的纳米微球，并探索了在整个聚合过程中纳米微球的生长演变过程。随后对所制备的纳米微球进行离子液体功能化，实现了对其表面化学性质的有效控制，并研究了离子液体功能化的纳米微球对人体免疫六肽的吸附性能的影响，揭露了纳米功能材料的表面固载和释放生物医药分子的机理。对单分散特性的新型高交联树莓型结构纳米微球的形成动力学研究表明，在聚合的初始阶段形成的微球表面较为平整，随着反应时间的延长，一些纳米级产物逐渐在微球表面产生并聚集，微球表面的功能基团的含量和微球粒径的大小对材料的表面特性具有非常重要的影响。对高交联树莓型结构的纳米微球，通过烷基化反应实现表面功能化，即离子液体功能化，以提高微球表面的亲水性，并增加结合位点的类型。探索离子液体功能化侧链对两种人体免疫多肽——人体免疫六肽和胸腺五肽的吸附性能的影响，研究表明，在 pH 值为 7.4 的条件下，离子液体功能化 P(PEGDMA-VI)@CA 和 P(PEGDMA-VI)@ECA 对吸附酸性的人体免疫六肽更为有利，并且吸附量可通过对微球表面的功能侧链的化学性质进行控制。此外，对人体免疫六肽具有较好吸附性能的离子液体功能化微球 P(PEGDMA-VI)@CA 和 P(PEGDMA-VI)@ECA 具有 pH 敏感特性，因此具有应用于对人体免疫六肽的可控药载和释放的潜力。通过理论计算，在分子水平上研究了离子液体功能化的高交联树莓型结构的纳米微球对人体免疫六肽的固定化机理，结果表明，纳米微球表面的疏水性功能基团不利于固载人体免疫六肽，而具有氢键作用位点的纳米微球易于固载人体免疫六肽。纳米微球表面的局部性能可以反映纳米微球整体的性质，将具有极低溶胀度的高交联树莓型纳米微球应用于表面装载药物以实现快速药物装载/释放是一项很有前景的研究工作。

此外，以离子液体功能化的高交联树莓型结构的纳米微球为载体，研究了纳米微球表面的化学性质与人体免疫六肽模板分子固定化之间的关系。以固载人体免疫六肽的纳米微球为基质，制备了具有单分散特性和高交联的人体免疫六肽树莓型核壳表面分子印迹纳米微球，并进一步研究了模板固定化与树莓型核壳表面分子印迹纳米微球的吸附和识别性能之间的关系。在树莓型核壳表面分子印迹纳米微球的预聚合阶段，首先通过模板分子的固定化进行模板分子人体免疫六肽的自组装，揭示了纳米微球表面对模板分子的固定化机理。高交联树莓型结构的纳米微球的离子液体功能化，对提高纳米微球表面固定模板分子人体免疫六肽的能力是一种行之有效的方法，且为更深入地研究树莓型核壳表面分子印迹纳米微球对人体免疫六肽的识别机理提供了基础。树莓型核壳表面分子印迹纳米微球对人体免疫六肽的识别性能的研究表明，其对人体免疫六肽的吸附性能与人体免疫六肽在离子液体功能化纳米微球表面的固定化有直接的关系，并且纳米微球表面的化学性质对其识别性能有着重要的影响。由于树莓型核壳表面分子印迹纳米微球表面化学性质不同，在含有竞争物的溶液中其对模板分子人体免疫六肽的特异识别性能也存在差异。此外，相比于竞争分子，人体免疫六肽可以与树莓型核壳表面分子印迹纳米微球的咪唑鎓基团形成更多的结合位点。由人体免疫六肽所形成的印迹孔穴在形状、大小和功能基团方面更易于与模板分子人体免疫六肽互补匹配。

参考文献

[1] Johnson R D, Wang Z G, Arnold F H. Surface site heterogeneity and lateral interactions in multipoint protein adsorption [J]. Journal of Physical Chemistry, 1996, 100(12): 5134-5139.

[2] Possot O M, Vignon G, Bomchil N, et al. Multiple interactions between pullulanase secreton components involved in stabilization and cytoplasmic membrane, association of PulE [J]. Journal of Bacteriology, 2000, 182(8): 2142-2152.

[3] Walkey C D. Understanding and controlling the interaction of nanomaterials with proteins in a physiological environment [J]. ChemInform, 2012, 41(27): 2780-2799.

[4] Puddu V, Perry C C. Peptide adsorption on silica nanoparticles: Evidence of hydrophobic interactions [J]. ACS Nano, 2012, 6(7): 6356-6363.

[5] Verde A V, Acres J M, Maranas J K. Investigating the specificity of peptide adsorption on gold using molecular dynamics simulations [J]. Biomacromolecules, 2009, 10(8): 2118-2128.

[6] Ley L, Smets Y, Pakes C I, et al. Calculating the universal energy-level alignment of organic molecules on metal oxides [J]. Advanced Functional Materials, 2013, 23(7): 794-805.

[7] Li Y, Li Y, Huang L, et al. Molecularly imprinted fluorescent and colorimetric sensor based on $TiO_2@Cu(OH)_2$ nanoparticle autocatalysis for protein recognition [J]. Journal of Materials Chemistry B, 2013, 1(9): 1256-1262.

[8] Vlakh E G, Korzhikov V A, Hubina A V, et al. Molecular imprinting: A tool of modern chemistry for the preparation of highly selective monolithic sorbents [J]. Russian Chemical Reviews, 2015, 84(9): 952.

[9] Chen W, Lei W, Xue M, et al. Protein recognition by a surface imprinted colloidal array [J]. Journal of Materials Chemistry A, 2014, 2(20): 7165-7169.

[10] Zhao Y G, Chen X H, Pan S D, et al. Self-assembly of a surface bisphenol A-imprinted core-shell nanoring amino-functionalized superparamagnetic polymer [J]. Journal of Materials Chemistry A, 2013, 1(38): 11648-11658.

[11] Takeuchi T, Hishiya T. Molecular imprinting of proteins emerging as a tool for protein recognition [J]. Organic & Biomolecular Chemistry, 2008, 6(14): 2459-2467.

[12] Shen X, Zhou T, Ye L. Molecular imprinting of protein in Pickering emulsion [J]. Chemical Communications, 2012, 48(66): 8198-8200.

[13] Cao Z, Anika S, Katharina L, et al. Synthesis of raspberry-like organic-inorganic hybrid nanocapsules via pickering miniemulsion polymerization: Colloidal stability and morphology [J]. Journal of Polymer Science Part A, 2011, 49(11): 2382-2394.

[14] Sun Y, Yin Y, Chen M, et al. One-step facile synthesis of monodisperse raspberry-like P(S-MPS-AA) colloidal particles [J]. Polymer Chemistry, 2013, 4(10): 3020-3027.

[15] Chenal M, Rieger J, Philippe A, et al. High yield preparation of all-organic raspberry-like particles by heterocoagulation via hydrogen bonding interaction [J]. Polymer, 2014, 55(16): 3516-3524.

[16] Hong L, Jiang S, Granick S. Simple method to produce Janus colloidal particles in large quantity [J]. Langmuir, 2006, 22(22): 9495-9499.

[17] Shi S, Zhou L, Wang T, et al. Preparation of raspberry-like poly(methyl methacrylate) particles by seeded dispersion polymerization [J]. Journal of Applied Polymer Science, 2011, 120(1): 501-508.

[18] Pi M, Yang T, Yuan J, et al. Biomimetic synthesis of raspberry-like hybrid polymer-silica core-shell nanoparticles by templating colloidal particles with hairy polyamine shell [J]. Colloids & Surfaces B, 2010, 78(2): 193-199.

[19] Wang J, Yang X. Raspberry-like polymer/silica core-corona composite by self-assemble heterocoagulation based on a hydrogen-bonding interaction [J]. Colloid and Polymer Science, 2008, 286(3): 283-291.

[20] Arshady R. Preparation of polymer nano-and microspheres by vinyl polymerization techniques [J]. Journal of Microencapsulation, 1988, 5(2): 101-114.

[21] Song R, Hu X, Guan P, Li J, et al. Synthesis of glutathione imprinted polymer particles via controlled living radical precipitation polymerization [J]. Chinese Journal of Polymer Science, 2015, 33(3): 404-415.

[22] Yamashita T, Hayes P. Effect of curve fitting parameters on quantitative analysis of $Fe_{0.94}O$ and Fe_2O_3 using XPS [J]. Journal of Electron Spectroscopy & Related Phenomena, 2006, 152(1-2): 6-11.

[23] Iwahashi T, Nishi T, Yamane H, et al. Surface structural study on ionic liquids using metastable atom electron spectroscopy [J]. Journal of Physical Chemistry C, 2009, 113(44): 19237-19243.

[24] Snyder L R. Classification of the solvent properties of common liquids [J]. Journal of

Chromatographic Science, 1978, 16(6): 223–234.

[25] Bernengo M G, Doveil G C, Meregalli M, et al. Immunomodulation and Sézary syndrome: Experience with thymopentin (TP-5) [J]. British Journal of Dermatology, 1988, 119(2): 207–221.

[26] Colle R, Ceschia T, Colatutto A, et al. Use of thymopentin in autoimmune hemolytic anemia due to chronic lymphocytic leukemia [J]. Current Therapeutic Research, 1988, 44(6): 1045–1049.

[27] Bolten W, Kohler H, et al. Treatment of rheumatoid-arthritis by daily injections of thymopentin with stepwise reduction of the dosage of nonsteroidal antirheumatics [J]. Aktuel Rheumatol, 1990, 15(4): 141–144.

[28] Yin D, Ulbricht M. Protein-selective adsorbers by molecular imprinting via a novel two-step surface grafting method [J]. Journal of Materials Chemistry B, 2013, 1(25): 3209–3219.

[29] Du C, Hu X, Guan P, et al. Water-compatible surface-imprinted microspheres for high adsorption and selective recognition of peptide drug from aqueous media [J]. Journal of Materials Chemistry B, 2015, 3(15): 3044–3053.

第**5**章

球形核壳表面分子印迹纳米微球

5.1 引言

使用传统的本体聚合、悬浮聚合和沉淀聚合等聚合方法制备得到的分子印迹材料存在各种各样的缺陷。本体聚合得到的分子印迹材料的形状不规则且粒径不均一，并且需要研磨等复杂的后处理过程。表面活性剂的加入会导致模板-功能单体复合物被破坏，从而对印迹位点的形成十分不利，同时表面活性剂无法完全洗脱会影响非印迹材料的吸附性能。通常自由基聚合在实验室和商业范围被广泛地用来制备聚合物，借助自由基聚合制备分子印迹聚合物也十分广泛，这是因为该聚合方式使用的单体和模板十分广泛，并且反应条件很温和。但是其也有缺点，主要是由于链转移和终止反应的存在，自由基聚合的过程不能对聚合物的大小、结构和大分子合成的数量进行控制。因此自由基聚合也不是制备分子印迹材料的最好方法。可控/"活性"自由基聚合在控制聚合物形貌以及可控尺寸的薄膜和纳米尺寸的材料方面极具优势，将其引入分子印迹领域对于提高分子印迹材料的性能十分有利。南开大学张会旗课题组在将可控/"活性"自由基聚合用于分子印迹领域做了大量的开创性工作[1-3]。其中，引发转移终止剂自由基聚合法是最通用的，常被用于在亲水性离子液体的辅助下进行水相印迹并制备得到亲水性的分子印迹微球[4]。

引发转移终止剂自由基聚合法的概念最早是在 1982 年由 T. Otsu 等提出，其机理如图 5-1 所示，在紫外光照射下引发转移终止剂分解成一个活性自由基和一个无活性自由基，活性自由基结合到支撑微球表面并引发聚合反应，无活性自由基活动主要是进行链转移反应并终止整个反应，形成一个"休眠物种"[5]。与传统的自由基聚合相比，该聚合过程由于受到引发转移终止剂的控制从而避免了不良反应，如自由基偶合和歧化反应。相比于普通自由基聚合法得到的表面分子印迹微球，该方法得到的印迹壳层比较均匀，在分子识别中具有较大的应用潜力。为此，以离子液体 1-乙烯基-3-氨基甲酰甲基咪唑氯作为功能单体，以 N, N'-亚甲基双丙烯酰胺作为交联剂，三羟甲基氨基甲烷盐酸盐缓冲溶液为溶剂，在聚（乙二醇二甲基丙烯酸酯-对氯甲基苯乙烯）纳米微球表面，即 P(EGDMA-CMS)，采用表面印迹技术和引发转移终止剂自由基聚合法制备了球形核壳表面分子印迹纳米微球，并对其组成及结构进行表征。通过等温吸附和吸附动力学等系统研究了球形核壳表面分子印迹纳米微球的吸附性能、选择识别性能以及再生性能。

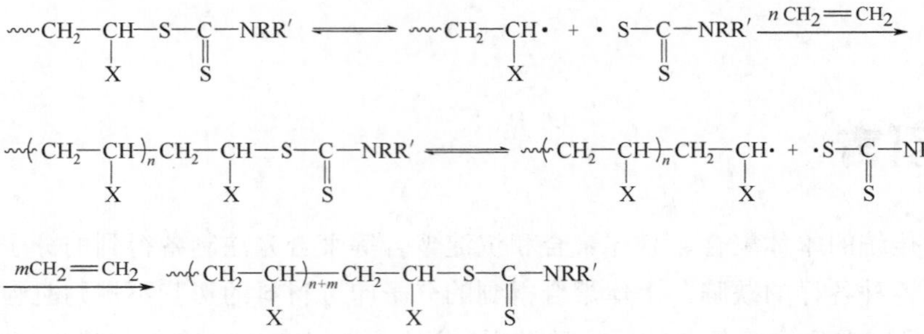

图 5-1

引发转移终止剂自由基聚合法的机理

5.2　球形核壳表面分子印迹纳米微球的制备

5.2.1　载体的制备

以聚乙二醇二甲基丙烯酸酯、乙二醇二甲基丙烯酸酯和对氯甲基苯乙烯为共聚单体，通过分散聚合制备得到载体 P(EGDMA-CMS)纳米微球。各单体的化学结构式如图 5-2 所示，加入对氯甲基苯乙烯的目的是在微球表面修饰苄氯，从而进一步接枝引发转移终止剂基团。

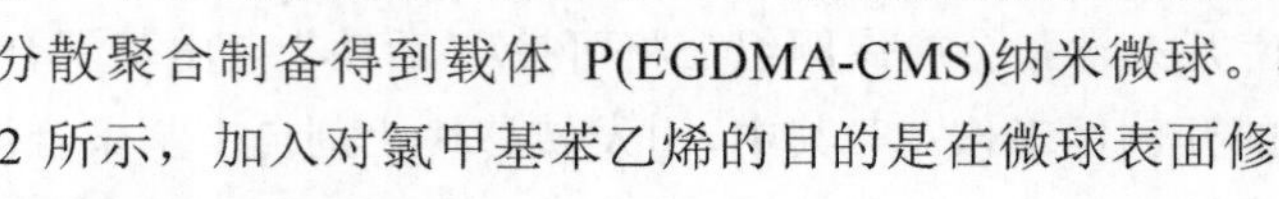

图 5-2

载体 P(EGDMA-CMS)纳米微球的制备所使用的单体和交联剂的结构式

将分散剂聚乙烯吡咯烷酮（0.75g）溶解于无水乙醇（80mL）中，然后加入单体聚乙二醇二甲基丙烯酸酯（0.8mL）、乙二醇二甲基丙烯酸酯（2.0mL）以及对氯甲基苯乙烯（1.0mL）并磁力搅拌使其分散均匀。然后，通氮气除氧 30min，加入偶氮二异丁腈（76mg）并升温至 70℃反应 7h。待反应结束并冷却后，得到的乳液用乙醇洗涤并通过多次离心去除分散剂聚乙烯吡咯烷酮、未反应的单体和低聚物。反复洗涤、离心后干燥得到载体 P(EGDMA-CMS)纳米微球。

5.2.2　载体表面的接枝

微球表面带有大量的氯原子，而铜试剂是一种钠盐，通过二者之间的偶合反应将引发转移终止剂基团固定到微球表面，有利于下一步的紫外光引发聚合反应。将载体 P(EGDMA-CMS)纳米微球（0.5g）超声 10min 分散于乙醇（30mL）中，然后在使用锡纸避光的条件下，取铜试剂（22.2mmol）充分溶解于无水乙醇（30mL）后置于滴液漏斗中，在冰浴和磁力搅拌下缓慢滴液，在 2h 内滴加完毕。待滴加完毕后，将水浴温度升至室温并持续反应 24h。反应过程中，有氯化钠白色晶体生成，可用硝酸银进行检测。反应结束后，产物用无水乙醇洗涤并离心直至上清液澄清。得到的产物 P(EGDMA-CMS)@Iniferter 纳米微球在避光的条件下 30℃真空干燥过夜，干燥的产物在使用前储藏于避光的条件下，避免引发转移终止剂基团变性。

5.2.3　球形核壳表面分子印迹纳米微球的制备过程

在表面接枝引发转移终止剂基团的纳米微球的基础上，在紫外光引发的条件下通过引发转移终止剂诱导的活性自由基聚合制备球形核壳表面分子印迹纳米微球（SMIMs）。如图 5-3 所示，将 1-乙烯基-3-氨基甲酰甲基咪唑氯（0.5mmol）、N,N'-亚甲基双丙烯酰胺（2.0mmol）以及模板分子胸腺五肽（62.5mol）溶解于三羟甲基氨基甲烷盐酸盐缓冲溶液（10mL，0.05mmol·L^{-1}，pH=9.0）并搅拌均匀以得到预聚合溶液体系。同时，在锡纸避光以及超声振荡的条件下将 P(EGDMA-CMS)@Iniferter（100mg）纳米微球分散于三羟甲基氨基甲烷盐酸盐缓冲溶液（5mL，0.05mmol·L^{-1}，pH=9.0）中。将上述两种溶液混合并通入氮气除氧后，置于 0℃下静置 3h 使功能单体与模板分子进行自组装。之后除去锡纸，将混合物溶液放置于高压汞灯（300W，365nm）下反应 3h，将反应装置与紫外灯的间距固定为 10cm。聚合反应完成后，收集、过滤并洗涤反应得到的 SMIMs。非印迹微球（NIMs）和表面印迹微球 SMIMs 的制备条件相同，只是不加入模板分子胸腺五肽。为了进行对照试验，选择单独提供氢键作用的单体丙烯酰胺以及单独提供静电相互作用的单体甲基丙烯酸作为功能单体进行对比，所得的聚合物分别为 SMIMs@AM 和 SMIMs@MAA。

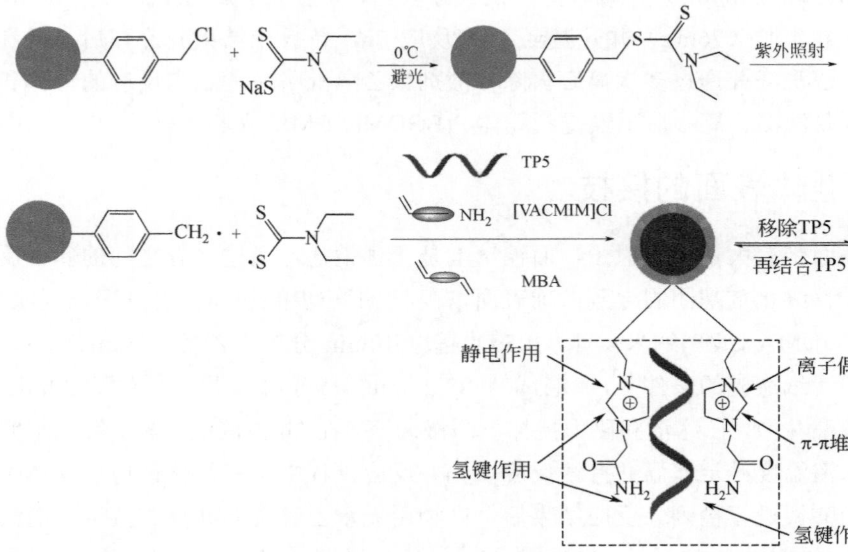

图 5-3

SMIMs 的制备示意图
MBA—N,N′-亚甲基双丙烯酰胺；[VACMIM]Cl—1-乙烯基-3-氨基甲酰甲基咪唑氯；TP5—胸腺五肽

5.3　球形核壳表面分子印迹纳米微球的表征

5.3.1　载体表面的苄基氯密度表征

在分散聚合体系中，聚合单体以及引发剂均可溶于溶剂，但是得到的聚合物在溶剂中的溶解性很差从而与溶剂分相，使用这种聚合方式得到的球形颗粒的粒径通常为 0.1～10μm[6]。为了便于表面修饰引发转移终止剂基团，借鉴 C. Du 等[7]的研究思路，引入共聚单体氯甲基苯乙烯替换原先的单体 N-乙烯基咪唑。考虑到表面引发转移终止剂基团的含量对接枝过程十分重要，因此纳米微球表面苄基氯的密度需要较高。故而在制备纳米微球的过程中，获得更高的表面苄基氯含量是至关重要的。在制备基质材料的过程中有两个策略可供选择：一个是三种共聚单体同时加入并进行引发；另一个是先聚合一段时间后再加入氯甲基苯乙烯。采用第二个策略得到的载体 P(EGDMA-CMS)纳米微球的表面氯元素含量为 4.61%，而第一个策略仅为 0.84%。因此，第二个策略得到的纳米微球表面的苄基氯的密度更高，更适宜作为载体。

114　表面分子印迹纳米微球的制备与性能

5.3.2 P(EGDMA–CMS)@Iniferter 纳米微球的接枝表征

为了将引发转移终止剂基团固定到纳米微球表面，从而实现其表面引发聚合制备均匀的印迹层，在避光的条件下以乙醇为溶剂，使微球表面的苄基氯和铜试剂进行成盐反应。该方法的好处在于二硫代氨基甲酸酯基稳定性好，因而在进行接枝这一步时可以保证其不发生变性。此外，引发转移终止剂对于接枝层的厚度可以进行有效控制，而这对于表面印迹材料意义重大。将引发转移终止剂固定策略和表面印迹技术结合起来制备表面分子印迹纳米微球的目的在于解决生物分子印迹过程中出现的问题。印迹层厚度的控制可以克服传质以及模板洗脱的困难。此外，采用紫外光照引发的方式可以避免使用热引发对分子印迹材料可能造成的不利影响。尽管成盐反应可保证反应物的完全反应，但是反应时间的长短对于转化率有一定的影响。为了兼顾效率与表面引发转移终止剂基团的数量，需要得到最合适的反应时间。在反应时间为 12h 时，P(EGDMA-CMS)@Iniferter 纳米微球表面的 N 元素含量仅为 0.89%。当反应时间为 24h 时，N 元素含量为 1.02%。当反应时间为 36h 时，N 元素含量为 1.03%。继续延长反应时间至 48h，N 元素含量为 1.06%，表明当反应时间为 24h 时即可完成充分的接枝反应。

5.3.3 球形核壳表面分子印迹纳米微球的表面结构和性质表征

5.3.3.1 表面性质分析

采用傅里叶变换红外光谱仪对球形核壳表面分子印迹纳米微球进行化学结构表征。为了更充分地表征其化学结构，用 P(EGDMA-CMS)纳米微球、P(EGDMA-CMS)@Iniferter 纳米微球、SMIMs 纳米微球和非印迹纳米微球（NIMs）进行对比分析。如图 5-4 所示，四组样品拥有相同的吸收峰，包括 2984cm^{-1}、2943cm^{-1}、1727cm^{-1} 和 1141cm^{-1}，分别属于甲基的伸缩振动、亚甲基的伸缩振动、酯基 C=O 的伸缩振动、酯基 C—O 的伸缩振动[8]。其中，a 曲线为 P(EGDMA-CMS)纳米微球谱线，除了酯基、甲基和亚甲基的吸收峰之外，其最具特征的是 676cm^{-1} 处的吸收峰，为 C—Cl 的伸缩振动[9]，它的存在说明了纳米微球表面存在大量的苄基氯基团，可以进行修饰引入引发转移终止剂基团。b 曲线为 P(EGDMA-CMS)@Iniferter 纳米微球谱线，其与 P(EGDMA-CMS)纳米微球的区别在于 676cm^{-1} 处 C—Cl 伸缩振动的吸收峰消失以及 1210cm^{-1} 处 C=S 的伸缩振动峰和 712cm^{-1} 处 C—S 的吸收峰同时出现[10]，说明引发转移终止剂基团被成功修饰到了载体表面。从图 5-4 中的曲线 c 和 d 可以看出，二者具有相似的峰形，这主要是因为 SMIMs 和 NIMs 具有相同的化学构成。

另外，1503cm^{-1}、1420cm^{-1}、680cm^{-1}和1650cm^{-1}处为二者的特征吸收峰，说明功能单体被成功接枝到纳米微球表面，也说明了印迹壳层的成功制备。

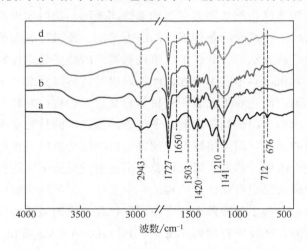

图 5-4

纳米微球的红外光谱图
a—P(EGDMA-CMS)纳米微球；b—(EGDMA-CMS)@Iniferter 纳米微球；c—SMIMs；d—NIMs

5.3.3.2　表面元素分析

为了研究不同纳米微球的表面化学组成并进一步证明表面修饰步骤的成功进行，使用 X 射线光电子能谱仪对 P(EGDMA-CMS)、P(EGDMA-CMS)@Iniferter、SMIMs 和 NIMs 纳米微球的表面进行分析，同时使用 X 射线光电子能谱仪对四种纳米微球进行元素含量分析。如图 5-5 所示，对于 P(EGDMA-CMS)纳米微球，在宽扫图谱中的 531.7eV、284.3eV 和 199.8eV 处分别可以得到 O 1s、C 1s 和 Cl 2p 等特征峰。当接枝引发转移终止剂基团时，Cl 2p 峰消失，N 1s 峰出现，S 2s（225.0eV）和 S 2p（163.0eV）的同时出现证明接枝成功。

对于 SMIMs 和 NIMs，O 1s（530.1eV）、C 1s（284.3eV）、N 1s（397.0eV）和 S 2p（164.0eV）的特征峰都可以在宽扫图谱中找到，并且相对于 P(EGDMA-CMS)@Initerter 纳米微球而言，SMIMs 和 NIMs 的一些特征元素的含量发生了变化，这也说明了印迹壳层制备成功。

5.3.3.3　表面形貌表征

扫描电子显微镜用来表征微球的尺寸和形貌，透射电子显微镜主要用来观察印迹壳层的核壳结构并确定印迹壳层的厚度。如图 5-6（a）和（b）所示，P(EGDMA-CMS)纳米微球呈现出均匀的球形结构，其直径约为 550nm。纳米微球的均匀尺寸会减少研究吸附量时的干扰，对得到粒径均匀的印迹壳层也十分有利。

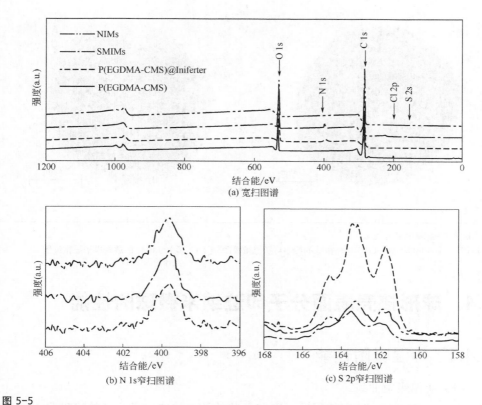

图 5-5

纳米微球的 X 射线光电子能谱

P(EGDMA-CMS)和 SMIMs 纳米微球的透射电子显微镜图谱如图 5-6（c）和（d）所示，经过表面接枝过程后 SMIMs 呈现出明显的球形和核壳结构，约 35nm 厚的印迹壳层包覆在载体表面。以上结果表明印迹壳层很薄，这对于模板分子的传质是十分有利的。经随机统计，印迹壳层的平均厚度是（35.3±3.5)nm，表明 70%的厚度分布在 30～37nm 范围里，这说明引发转移终止剂法对分子印迹壳层的控制效果较好。

图 5-6

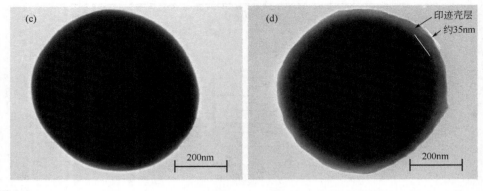

图 5-6

纳米微球的微观形貌和结构

（a）、（b）载体 P(EGDMA-CMS)纳米微球的扫描电子显微镜图；（c）、（d）SMIMs 的透射电子显微镜图

5.4 球形核壳表面分子印迹纳米微球的性能

5.4.1 等温吸附性能

（1）等温吸附曲线

为了研究 SMIMs 对模板分子胸腺五肽的结合性能，进行了等温吸附实验，胸腺五肽的浓度在 $0.05 \sim 0.50 \mathrm{mg \cdot mL^{-1}}$。如图 5-7 所示，等温吸附曲线中包含了低浓度时的线性快速增长阶段，该浓度范围是 $0.05 \sim 0.10 \mathrm{mg \cdot mL^{-1}}$；中等浓度时增长相对较慢的阶段，该浓度范围是 $0.10 \sim 0.30 \mathrm{mg \cdot mL^{-1}}$；吸附达到平衡的饱和阶段，该浓度范围是大于 $0.40 \mathrm{mg \cdot mL^{-1}}$。在浓度为 $0.30 \mathrm{mg \cdot mL^{-1}}$ 时，SMIMs 对胸腺五肽的吸附量为 $27.6 \mathrm{mg \cdot g^{-1}}$，是 NIMs 对胸腺五肽吸附量的 2.17 倍。这表明 SMIMs 比 NIMs 对胸腺五肽的结合量更高，说明 SMIMs 具有更多的有效印迹结合位点。

（2）等温吸附模型分析

分子印迹材料作为一种对特定分子具有特异识别性能的功能材料，其对目标分子的识别是基于单体的功能基团与模板之间的相互作用，因而研究分子印迹材料的吸附性质对理解其识别过程十分重要。对于一般的吸附质而言，常采用的等温吸附模型包括 Langmuir 和 Freundlich 等温吸附模型。Langmuir 等温吸附模型是基于一些基本假设推导出来的[11]，这些假设包括：①气体在固体表面的吸附是单分子层的；②吸附在吸附质表面的分子之间不存在相互作用；③吸附剂表面是均匀的；④吸附是一个动态平衡的过程，被吸附的分子受到热运动可以重新回到

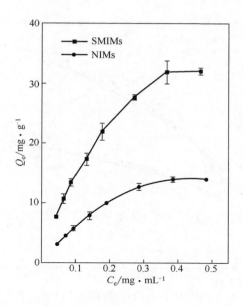

图 5-7

纳米微球的等温吸附曲线

气相；⑤当吸附达到平衡时，吸附速率与脱附速率相等。Langmuir 等温吸附模型的以上假设使得其适用的场合为单分子层吸附。Langmuir 等温吸附模型分为非线性和线性两种。Freundlich 等温吸附模型假设一种多层吸附，其等温吸附方程为经验方程。SMIMs 和 NIMs 的等温吸附曲线见图 5-8。如表 5-1 所示，使用非线性 Langmuir 等温吸附模型对 SMIMs 和 NIMs 的吸附实验数据进行拟合，得到的相关系数分别是 0.9926 和 0.9874，而使用非线性的 Freundlich 等温吸附模型对 SMIMs 和 NIMs 的吸附实验数据进行拟合，得到的相关系数分别是 0.9711 和 0.9555。从以上的拟合数据可以很明显地看出，就相关系数而言，Langmuir 等温吸附模型相比 Freundlich 等温吸附模型对于 SMIMs 和 NIMs 的拟合效果更好。另外，使用 Langmiur 等温吸附模型进行拟合得到的最大吸附量更接近实验数值，这说明 Langmuir 等温吸附模型对于印迹聚合物的吸附拟合更好，SMIMs 对胸腺五肽的吸附行为更符合单分子层吸附。

（3）Scatchard 分析

SMIMs 的等温吸附曲线表明，分子印迹材料对胸腺五肽的吸附量随着胸腺五肽初始浓度的增大而增大，但当胸腺五肽浓度超过某一值时会达到吸附平衡，此处达到平衡时胸腺五肽的初始浓度是 $0.40\text{mg} \cdot \text{mL}^{-1}$。将等温吸附数据进行 Scatchard 分析，可给出 SMIMs 的结合性能的重要信息[12,13]。此外，Scatchard 曲线还可以反映 SMIMs 中存在的印迹位点种类。对于 Scatchard 曲线的分析结果，

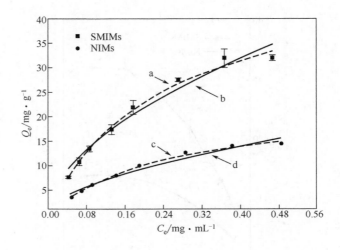

图 5-8

SMIMs 和 NIMs 的等温吸附曲线
a—SMIMs 的 Langmuir 拟合；b—SMIMs 的 Freundlich 拟合；c—NIMs 的 Langmuir 拟合；d—NIMs 的 Freundlich 拟合

表 5-1 SMIMs 和 NIMs 的 Langmuir 和 Freundlich 等温吸附模型的拟合参数

吸附剂	Langmuir				Freundlich	
	吸附量 /mg・g^{-1}	最大吸附量 /mg・g^{-1}	吸附分配系数 /L・g^{-1}	相关系数	吸附分配系数 /mg・g^{-1}	相关系数
SMIMs	32.0	50.1	4.2737	0.9926	52.7	0.9711
NIMs	14.1	22.6	3.9468	0.9874	23.1	0.9555

需要说明的是，如果 Scatchard 曲线可以被拟合成两条或两条以上的曲线，那说明有多种印迹位点存在；如果被拟合成一条曲线，那说明只有一种类型的结合位点占据主导地位。如图 5-9 所示，此处采用线性 Langmuir 模型，使用浓度与吸附量的比值对浓度作图并拟合得到 Scatchard 曲线，拟合得到的最大吸附量为 54.2mg・mL^{-1}，相关系数为 0.9988。可以被拟合成一条 Scatchard 曲线，说明制备的球形核壳表面分子印迹纳米微球中的印迹位点只有一种。

5.4.2 吸附动力学

（1）吸附动力学曲线

通常在研究吸附质的吸附性能时，需要研究其吸附动力学行为，从而确定其对目标物的平衡吸附量以及达到平衡吸附时所需的时间。分子印迹材料作为一种对目标分子具有特异识别性的功能材料，也可以认为是一种吸附质，因而研究其动力学可以深入揭示达到吸附平衡所需的时间，同时借助动力学还可以比较印迹

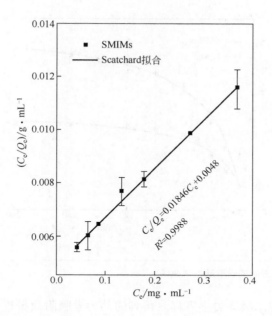

图 5-9

SMIMs 的等温吸附曲线的 Scatchard 拟合

和非印迹材料的平衡吸附量。如图 5-10 所示，在浓度为 0.30mg·mL^{-1} 的胸腺五肽缓冲溶液中，SMIMs 在吸附初始阶段的吸附量经历了一个快速的增长过程，并且很快达到了平衡吸附浓度的 68%。随着吸附时间的延长，吸附量的变化趋缓，并在 2h 内达到了吸附平衡。相比之下，NIMs 达到平衡的速度更快，其在 1.5h 内的吸附量变化很小，可以认为达到了吸附平衡。吸附过程呈现三个阶段，在前面的 45min 内，SMIMs 表面未结合的印迹位点较多且分子优先与表面的印迹位点相结合，此时由于传质阻力小且可供结合的印迹位点数目多，吸附速率较大。当表面的印迹位点结合完毕后，胸腺五肽分子开始向内传质，由于可供结合的印迹位点数目少且相对位置较深，导致这一过程比较困难，因而吸附速率比前一阶段有所降低。从平衡吸附量来看，SMIMs 的吸附量（27.6mg·g^{-1}）远高于 NIMs 的吸附量（12.7mg·g^{-1}）。这是因为在 SMIMs 中存在与胸腺五肽化学基团和大小相匹配的印迹位点，其对胸腺五肽的吸附是以弱相互作用为基础的特异性吸附过程。NIMs 中功能单体聚合后的排布无规律，与胸腺五肽相结合的印迹位点很少或没有，因而其吸附过程是由物理吸附引起的非特异性吸附主导，从而导致 NIMs 的吸附量相对较低。

（2）吸附动力学模型

为了研究球形核壳表面分子印迹纳米微球对模板分子的吸附机理，使用准一

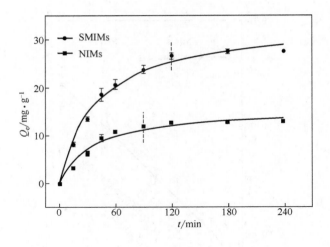

图 5-10

SMIMs 和 NIMs 对胸腺五肽的吸附动力学曲线

级动力学方程和准二级动力学方程对得到的动力学吸附数据进行拟合。Lagergren
动力学方程（或者称为准一级动力学方程）和准二级动力学方程被用于分析模板
分子胸腺五肽与 SMIMs 之间的吸附动力学[14]，准一级动力学方程广泛用于水相
中吸附质的吸附性质研究。该动力学基于下面的假设：溶质吸收随时间的变化速
率与饱和浓度的差异和固体吸收量随时间成正比[15]。通常认为，这两种动力学模
型分别描述了以物理吸附和化学吸附为主导的吸附过程。将实验数据使用准一级
动力学方程和准二级动力学方程进行拟合，如图 5-11 所示。使用准一级动力学方
程对 SMIMs 以及 NIMs 拟合后得到的理论吸附量分别是 32.5mg·g^{-1}、12.7mg·g^{-1}，
相关系数分别为 0.9605、0.9898。使用准二级动力学方程对 SMIMs 和 NIMs 拟合
后得到的理论吸附量分别是 35.7mg·g^{-1}、16.7mg·g^{-1}，相关系数分别为 0.9950、
0.9492。从吸附量的理论值来说，使用准一级动力学方程拟合得到的数值更接近
吸附量的实验值，但是数值相差不大。准二级动力学方程对 SMIMs 拟合的线性
相关系数为 0.9950，大于准一级动力学方程对 SMIMs 拟合的相关系数 0.9605。
选择最佳拟合模型时要基于模型的线性相关系数以及理论平衡吸附量，首先考虑
相关系数，因为相关系数会影响拟合的精确程度。因此，准二级动力学方程对于
SMIMs 的拟合更为准确，说明了 SMIMs 对胸腺五肽的吸附过程中化学吸附起到
了主导作用，这是功能单体与模板分子之间相互作用的结果。同时，对 NIMs 的
拟合，准一级动力学方程具有更大的相关系数，说明 NIMs 更加符合准一级动力
学方程，即 NIMs 的吸附过程是由物理吸附主导的，这也与非印迹聚合物中功能
单体排布无序因此未能形成有效的印迹位点相符合。

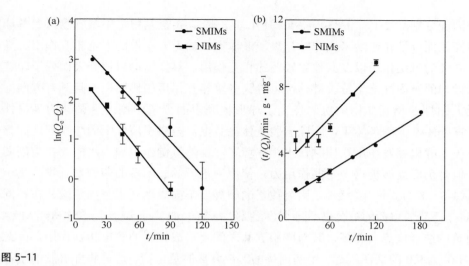

图 5-11

SMIMs 和 NIMs 的准一级（a）和准二级（b）动力学模型拟合

5.4.3　选择识别性能

（1）功能单体的影响

选择不同的印迹策略，体系中非共价相互作用的结合能也会有所不同[16]。在生物分子的印迹中，模板与功能单体之间会形成多重相互作用，主要有离子与离子之间的静电相互作用（20～80kcal·mol^{-1}）、配位作用（20～50kcal·mol^{-1}）、氢键作用（1～30kcal·mol^{-1}）、π-π 堆积作用（0～12kcal·mol^{-1}）以及范德华力作用（0～1.5kcal·mol^{-1}）。如果使用半共价或者非共价印迹，那么非共价作用在印迹位点的形成过程中就不可忽略，研究人员发现，在非共价印迹中通常起到主导作用的是氢键作用[17]，比如在非极性溶剂中甲基丙烯酸和伯胺之间的作用。然而，生物分子大多是水溶性的，在水相中水分子会竞争性地结合功能单体，极大地削弱功能单体与模板之间的氢键形成。因此静电相互作用的结合能相比之下最大，静电相互作用很可能在印迹过程中起到了主导作用。与此同时，咪唑环与模板之间存在的堆积、范德华力作用也不可忽略。为了研究使用不同功能单体制备的分子印迹聚合物的吸附量，以仅提供静电相互作用的功能单体甲基丙烯酸和仅提供氢键作用的丙烯酰胺作为单体制备表面印迹聚合物，分别命名为 SMIMs@MAA、NIMs@MAA、SMIMs@AM 和 NIMs@AM。如图 5-12 所示，使用三种功能单体1-乙烯基-3-氨基甲酰甲基咪唑氯、甲基丙烯酸、丙烯酰胺制备的球形核壳表面分子印迹纳米微球对胸腺五肽的结合量分别是 27.6mg·g^{-1}、14.8mg·g^{-1}、17.6mg·g^{-1}，而对应的非印迹纳米材料的吸附量分别是 12.7mg·g^{-1}、8.1mg·g^{-1}、10.9mg·g^{-1}，印迹因子分别是 2.17、1.83、1.61。使用 1-乙烯基-3-氨基甲酰甲基咪唑氯制备球形核壳表面分子印迹纳米微球时，离子液体提供的无方向性的静电相互作用、具有方向性的氢键作用以及其他比较弱的相互作用，对提高球形核壳表面分子印迹纳米微球的吸附性能十分关键，可以看到多重相互作用的协同，并且具有方向性和无方向性的相互作用的协同保证了球形核壳表面分子印迹纳米微球的吸附性能，在 pH=9.0 的环境下，胸腺五肽整体显负电，与离子液体上的咪唑环之间存在较强的静电相互作用。同时在水相环境下，虽然氢键作用因为水的存在被削弱了，但是仍然能够提供一定的作用力。使用甲基丙烯酸制备的印迹聚合物，是一种 pK_a≈6～7 的弱聚（羧酸），因为羧基的解离度不同，聚（甲基丙烯酸）在不同的 pH 值下带负电荷的情况也不同[18]。当吸附溶液的 pH 高于 pK_a 时，SMIMs@MAA 上的负电结合位点会更多，其与胸腺五肽之间会形成较强的静电相互作用。因此在 pH 值为 9.0 的情况下聚（甲基丙烯酸）带大量的负电荷，这与胸腺五肽的整体带电相一致，静电排斥导致使用这种功能单体制备的印迹聚合物对胸腺五肽的结合容量较低。对于使用丙烯酰胺作为单体制备的印迹聚合物 SMIMs@AM，丙烯酰胺是一个很强的氢键供体，可与目标多肽形成强的氢键作用，因而 SMIMs@AM 对 TP5 的吸附量相对较大。

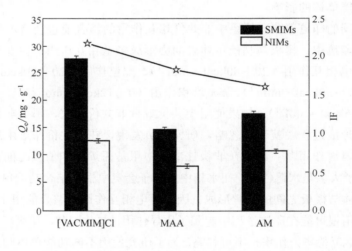

图 5-12

不同功能单体制备的球形核壳表面分子印迹纳米微球对胸腺五肽的吸附量
[VACMIM]Cl—1-乙烯基-3-氨基甲酰甲基咪唑氯；MAA—甲基丙烯酸；AM—丙烯酰胺；IF—印迹因子

（2）体系 pH 的影响

溶液环境的 pH 不仅对模板分子中羧基和氨基等基团的解离有较大的影响，而且也会使球形核壳表面分子印迹纳米微球的表面性质发生较大的变化，因而探究不同 pH 条件下球形核壳表面分子印迹纳米微球的吸附量的变化是必要的。胸腺五肽的等电点（pI）为 8.59，其含有的五个氨基酸分别是精氨酸、赖氨酸、天冬氨酸、缬氨酸、酪氨酸，含有两个带正电的氨基酸残基，一个带负电的残基，疏水氨基酸的比例为 20%，总的净电荷量为+1。一般来说，当环境的 pH＞pI 时，胸腺五肽总体显负电；当 pH=pI 时，多肽的净电荷为 0；当 pH＜pI 时，多肽整体显正电。如图 5-13 所示，当溶液的 pH 值逐渐增大时，SMIMs 的吸附量逐渐增大，当 pH 超过等电点时，吸附量达到最大（27.6mg·g^{-1}），此时印迹因子为 2.17，而 NIMs 的吸附量变化很小。溶液 pH 值低于 8.59 时，胸腺五肽整体显正电，而离子液体上的咪唑也显正电，二者相互排斥，造成吸附量较低，当 pH 值达到 9.0 时，胸腺五肽整体显负电，与咪唑环之间的静电相互作用较强，因而达到较高的吸附量。

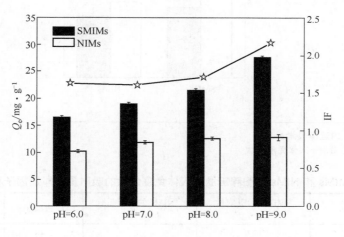

图 5-13

不同 pH 下 SMIMs 对胸腺五肽吸附量的影响

5.4.4　竞争吸附性能

为了进一步研究球形核壳表面分子印迹纳米微球对胸腺五肽的选择性，使用胸腺五肽的结构类似物人体免疫六肽作为竞争分子进行竞争吸附实验。人体免疫六肽的氨基酸序列为 Val-Glu-Pro-Ile-Pro-Tyr。SMIMs 和 NIMs 的竞争吸附实验在胸腺五肽和人体免疫六肽的混合溶液中进行，溶液的总浓度为 0.30mg·mL^{-1}，也就是胸腺五肽和人体免疫六肽的浓度均为 0.215mol·mL^{-1}。如图 5-14 和表 5-2 所示，SMIMs 对胸腺五肽的特异吸附量为 12.9mg·g^{-1}，远高于微球对竞争多肽的吸附量。此外，印迹因子和选择因子分别为 2.48 和 2.18，这表明 SMIMs 对胸腺五肽表现出明显的吸附选择性。相比之下，SMIMs 对人体免疫六肽的印迹因子只有 1.14，表明印迹壳层对胸腺五肽具有化学匹配的选择性结合位点。表面具有有序排列化学基团的 SMIMs 与胸腺五肽的匹配性较好，而 SMIMs 与胸腺五肽的类似物却不能很好匹配，这也是 SMIMs 对胸腺五肽表现出特异识别性能的原因。

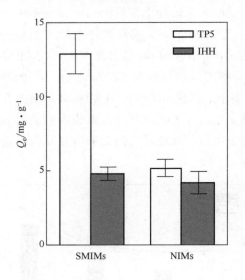

图 5-14

SMIMs 和 NIMs 的选择吸附量
TP5—胸腺五肽；IHH—人体免疫六肽

表 5-2   SMIMs 和 NIMs 对胸腺五肽和人体免疫六肽的吸附量、印迹因子和选择因子

目标分子	SMIMs 的吸附量 /mg·g^{-1}	NIMs 的吸附量 /mg·g^{-1}	印迹因子	选择因子
胸腺五肽	12.9	5.2	2.48	—
人体免疫六肽	4.8	4.2	1.14	2.18

5.4.5   再生使用性能

再生使用性能对于分子印迹材料的实际应用而言是重要的，通过吸附-解吸实验来评估该性能。如表 5-3 所示，球形核壳表面分子印迹纳米微球在胸腺五肽初始浓度为 0.05mg·mL^{-1} 和 0.30mg·mL^{-1} 时，经过三次吸附-解吸过程后，其吸附量分别损失了 7.6%和 11.4%，这说明制备的 SMIMs 的结构比较稳定，并且在重

表 5-3   SMIMs 经三次吸附-解吸实验后的性能

胸腺五肽的初始浓度 /mg·mL^{-1}	吸附量/mg·g^{-1}		
	一次	二次	三次
0.05	7.9	7.5	7.3
0.30	26.3	25.1	23.2

复使用后仍然可以保持较高的吸附量。以上结果表明，SMIMs 具有令人满意的再生使用性能，具有一定的实际应用潜力。

传统分子印迹材料存在传质阻力大、印迹位点分布不均、形貌控制困难的问题，以一种新型的离子液体 1-乙烯基-3-氨基甲酰甲基咪唑氯作为功能单体，在单分散性良好、粒径为（554±21）nm 的纳米微球载体表面，结合表面印迹技术和引发转移终止剂自由基聚合法制备了识别性能优异的球形核壳表面分子印迹纳米微球。印迹壳层的厚度为 35nm，吸附量为 32.0mg·g^{-1}，印迹因子达到了 2.48。球形核壳表面分子印迹纳米微球对胸腺五肽具有较高的吸附量和良好的识别选择性，选择因子可以达到 2.18。将水溶性的离子液体功能单体作为生物分子印迹的功能单体，可以实现对生物分子胸腺五肽的水相印迹，这扩展了水相印迹可选择的功能单体的种类，为多肽的印迹提供了重要的研究思路和方法。

参考文献

[1] Zhao M, Chen X, Zhang H, et al. Well-defined hydrophilic molecularly imprinted polymer microspheres for efficient molecular recognition in real biological samples by facile RAFT coupling chemistry [J]. Biomacromolecules, 2014, 15(5): 1663-1675.

[2] Pan G, Zhang Y, Ma Y, et al. Efficient one-pot synthesis of water-compatible molecularly imprinted polymer microspheres by facile RAFT precipitation polymerization [J]. Angewandte Chemie International Edition, 2011, 50(49): 11731-11734.

[3] Ma Y, Zhang Y, Zhao M, et al. Efficient one-pot synthesis of water-compatible and photoresponsive molecularly imprinted polymer nanoparticles by facile RAFT precipitation polymerization [J]. Journal of Polymer Science Part A: Polymer Chemistry, 2014, 52(14): 1941-1952.

[4] Marchyk N, Maximilien J, Beyazit S, et al. One-pot synthesis of iniferter-bound polystyrene core nanoparticles for the controlled grafting of multilayer shells [J]. Nanoscale, 2013, 6(5): 2872-2878.

[5] Otsu T, Masatoshi Y. Role of initiator-transfer agent-terminator (iniferter) in radical polymerizations: Polymer design by organic disulfides as iniferters [J]. Macromolecular Rapid Communications, 1982, 3: 127-132.

[6] Arshady R. Suspension, emulsion, and dispersion polymerization: A methodological survey [J]. Colloid and Polymer Science, 1992, 270(8): 717-732.

[7] Du C, Hu X, Guan P, et al. Water-compatible surface-imprinted microspheres for high adsorption and selective recognition of peptide drug from aqueous media [J]. Journal of Materials Chemistry B, 2015, 3(15): 3044-3053.

[8] Ali A M I, Mayes A G. Preparation of polymeric core-shell and multilayer nanoparticles: surface-initiated polymerization using in situ synthesized photoiniferters [J]. Macromolecules, 2010, 43(2): 837-844.

[9] Kavakl C, Malc S, Tuncel S A, et al. Selective adsorption and recovery of precious metal

ions from geological samples by 1,5,9,13-tetrathiacyclohexadecane-3,11-diol anchored poly(p-CMS-DVB) microbeads [J]. Reactive & Functional Polymers, 2006, 6(2): 275-285.

[10] Bossi A, Whitcombe M, Uludag Y, et al. Synthesis of controlled polymeric cross-linked coatings via iniferter polymerisation in the presence of tetraethyl thiuram disulphide chain terminator [J]. Biosensors & Bioelectronics, 2010, 25(9): 2149.

[11] Madrakian T, Ahmadi M, Afkhami A, et al. Selective solid-phase extraction of naproxen drug from human urine samples using molecularly imprinted polymer-coated magnetic multi-walled carbon nanotubes prior to its spectrofluorometric determination [J]. Analyst, 2013, 138 (16): 4542-4549.

[12] Sellergren B. Molecularly imprinted polymers [M]. The Netherlands: Elsevier, 2001.

[13] 小宫山真. 分子印迹学: 从基础到应用 [M]. 北京: 科学出版社, 2006.

[14] Yang Y, Liu X, Guo M, et al. Molecularly imprinted polymer on carbon microsphere surfaces for adsorbing dibenzothiophene [J]. Colloids and Surfaces A: Physicochemical and Engineering Aspects, 2011, 377(1): 379-385.

[15] Vimonses V, Lei S M, Jin B, et al. Kinetic study and equilibrium isotherm analysis of Congo Red adsorption by clay materials [J]. Chemical Engineering Journal, 2009, 148(2-3): 354-364.

[16] Lofgreen J E, Ozin G A. Controlling morphology and porosity to improve performance of molecularly imprinted sol-gel silica [J]. Chemical Society Reviews, 2013, 43(3): 911.

[17] Ramström O, Nicholls I A, Mosbach K. Synthetic peptide receptor mimics: Highly stereo-selective recognition in non-covalent molecularly imprinted polymers [J]. Tetrahedron Asymmetry, 1994, 5(4): 649-656.

[18] Wang C, Howell M, Raulji P, et al. Preparation and characterization of molecularly imprinted polymeric nanoparticles for atrial natriuretic peptide (ANP) [J]. Advanced Functional Materials, 2011, 21(23): 4423-4429.

第6章

磁性核壳表面分子印迹纳米微球

6.1 引言

分子印迹技术应用在分离领域中，一般需要借助离心进行分子印迹材料的富集和回收，该方法操作费时费力，并且也不能进行批量作业。磁性材料作为支撑基质，可与分子印迹技术相结合来制备分离材料。磁性材料，尤其是 Fe_3O_4 磁性微球具有良好的超顺磁性、低毒、稳定和廉价易得等优点。通过对 Fe_3O_4 表面改性引入羧基、羟基、氨基等多种反应性的功能基团，可以增强其功能性。Fe_3O_4 磁性微球在外加磁场条件下可快速从体系中分离，而表面分子印迹纳米微球具有快速、高效的特异识别性能。若以 Fe_3O_4 磁性微球为载体，在其表面进行印迹，这样就可以得到磁性核壳表面分子印迹纳米微球，既具有磁响应性又具有特异识别能力。在外加磁场存在的条件下，可实现在复杂样品中对目标物质的快速选择性富集与分离。因此，基于 Fe_3O_4 磁性微球的表面进行印迹，能够将磁性材料的快速分离与分子印迹技术有机结合起来，可实现在混合物中对生物分子的分离。

片段印迹技术[1-8]是使用目标分析物的一部分特征片段或者类似物作为模板分子，与功能单体形成主客体配合物。然后通过功能单体与交联剂共聚，将该主客体配合物固定。最后洗脱模板分子，得到片段印迹聚合物，其中分布有与目标物高度吻合的孔穴，可对目标物进行识别分离。

对于一些有毒的物质或者是稀有的化合物，这些物质不可以直接作为模板分子参与印迹聚合物的制备过程。还有就是模板分子遗漏的问题。在通常的操作流程下，不论使用有机溶剂还是缓冲溶液作为洗脱剂，模板分子很难被彻底洗脱下来。这是因为在聚合的过程中，印迹位点不仅会在表面形成，也可能深陷高交联的聚合物网络中，洗脱剂很难到达并进行洗脱。因此，与期望相反，模板分子可能遗留在印迹聚合物中，降低印迹效果。对于生物分子而言，对溶剂以及环境要求苛刻，因此，选择生物分子的部分特征片段作为模板分子不仅避免了生物分子直接参与制备的过程，而且以小分子片段作为模板，有利于后续的洗脱过程。

片段印迹技术不直接使用目标分子作为模板，而是以模板分子的特征片段为模板，在生物分子如多肽、蛋白质等的分离方面得到了越来越多的研究和应用。A. Rachkov 等[9,10]使用氨基酸序列为 Tyr-Pro-Leu-Gly 的四肽作为模板分子制备分子印迹材料来识别分离水相中氨基酸序列为 Cys-Tyr-Ile-Gln-Asn-Cys-Pro-Leu-Gly 的催产素及其类似物。结果表明，制备的分子印迹材料对催产素及其类似物具有明显的富集和分离作用。T. Kubo 等[11]使用 4-乙烯基吡啶作功能单体、乙二醇二甲基丙烯酸酯作交联剂、2,6-二甲基苯酚作哑模板分子制备分子印迹材料，以富集和分离水中的含氯双酚 A。采用高效液相色谱和固相萃取对吸附后的介质进行分析，发现制备的分子印迹材料对 3 位和 5 位上被氯取代的双酚 A 具有较好的吸附分离效果。这些研究的共同点是利用片段印迹中不使用目标分离物质本身作为模板分子，克服了许多传统印迹技术制备的分子印迹材料存在的问题，使其具有更高分离目标分子的能力，适于对多肽和蛋白质等生物分子在水相中的分离，同时也增加了分离材料制备技术的种类。

由此可见，片段印迹是使用目标分离物的部分特征结构片段作为模板参与印迹过程，得到与目标分子特征结构片段相匹配的印迹聚合物，对目标分子具有良好的识别性能。若将表面印迹和片段印迹相结合，可将与待分离物的特征结构片段相匹配的印迹位点最大限度地分布在良好可接近的表面上，得到对目标分子具有良好识别性能的分子印迹材料。将表面印迹和片段印迹相结合，并引入多肽以及蛋白质等生物分子印迹聚合物的制备中是生物分子印迹和识别研究的新方向。

为此，采用表面片段印迹法，以硅烷偶联化的 Fe_3O_4 磁性微球为载体，分别以胸腺五肽的端基 L-精氨酸（L-Arg）和侧链 L-赖氨酸（L-Lys）为模板分子，甲基丙烯酸为功能单体，N,N'-亚甲基双丙烯酰胺为交联剂制备两种磁性核壳表面分子印迹纳米微球 FIMMs-Arg 和 FIMMs-Lys，并系统研究功能单体的比例、交联剂用量、反应时间等因素对磁性核壳表面分子印迹纳米微球的识别性能的影响。

6.2　磁性核壳表面分子印迹纳米微球的制备

（1）Fe_3O_4 粒子的制备过程

采用溶剂热法制备 Fe_3O_4 磁性微球[12]。将 $FeCl_3 \cdot 6H_2O$（3.6g）和柠檬酸三钠（0.72g）在超声的条件下完全溶解在乙醇（100mL）中，接着加入醋酸钠（4.8g），剧烈搅拌 0.5h，在升温至 50℃后将反应液转移到高温高压釜中，在 200℃的条件下反应 10h 后自然冷却到室温,经磁场分离后分别用蒸馏水和无水乙醇洗涤数次,冷冻干燥即可。

（2）Fe_3O_4 粒子的表面修饰

通过 γ-甲基丙烯酰氧基丙基三甲氧基硅烷（KH-570）对 Fe_3O_4 粒子表面进行修饰以引入烯基,以在后续聚合反应中与其他单体进行共聚[13]。将 Fe_3O_4 粒子（0.1g）在超声的条件下在 80mL 无水乙醇中分散均匀,然后依次加入蒸馏水（18mL）和 KH-570（5mL）溶解形成褐色溶液。随后向上述混合体系中加入氨水（2.0mL）,在 70℃的条件下剧烈搅拌 24h。反应结束后,产物呈浅棕色,经外加磁场分离后,用蒸馏水和无水乙醇洗涤数次,在 40℃条件下真空干燥 12h 即可。

（3）磁性核壳表面分子印迹纳米微球的制备过程

如图 6-1 所示,将 L-Arg、L-Lys 或胸腺五肽（0.47mmol）完全溶解到 10mL 磷酸缓冲溶液（0.2mol·L^{-1},pH=7.0）中形成预聚合溶液,加入甲基丙烯酸（2.37mmol）,搅拌均匀。将 Fe_3O_4@KH-570（25mg）超声分散到上述预聚合溶液中,搅拌并缓缓鼓入氮气除氧 30min。当温度升到 40℃时向反应液中加入含过硫酸铵的磷酸缓冲溶液（0.6mg·mL^{-1},10mL）,并缓缓加入四甲基乙二胺（10μL）后继续反应 24h。将得到的三种磁性核壳表面分子印迹纳米微球 FIMMs-Arg、FIMMs-Lys 和 MIPs-TP5 经外加磁场分离后,分别用无水乙醇和 10%的乙酸溶液洗脱以除去未反应的单体和模板分子,40℃下真空干燥即可。非印迹纳米微球（NIMMs）的制备过程中除不加入模板分子外,其他条件与以上过程相同。

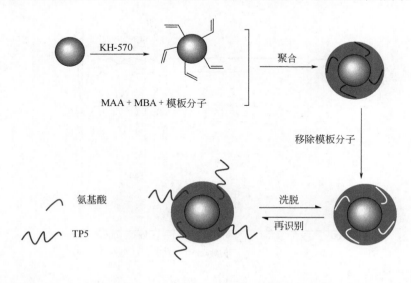

图 6-1

磁性核壳表面分子印迹纳米微球的制备过程
MMA—甲基丙烯酸；MBA—N,N'-亚甲基双丙烯酰胺；TP5—胸腺五肽

6.3　磁性核壳表面分子印迹纳米微球的表征

6.3.1　化学结构

　　以胸腺五肽的两个特征氨基酸 L-Arg 和 L-Lys 为模板,甲基丙烯酸为功能单体,N,N'-亚甲基双丙烯酰胺为交联剂,KH-570 硅烷偶联化的 Fe_3O_4 磁性微球为基球,制备磁性核壳表面分子印迹纳米微球来选择性识别胸腺五肽。为了确认每一步反应后是否得到相应的目标产物,首先使用傅里叶变换红外光谱仪对 Fe_3O_4、Fe_3O_4@KH-570、FIMMs-Arg、FIMMs-Lys 和 MIPs-TP5 的化学结构进行表征。如图 6-2 所示,FIMMs-Arg、FIMMs-Lys 和 MIPs-TP5 的谱图几乎一致,Fe_3O_4、Fe_3O_4@KH-570、FIMMs-Arg、FIMMs-Lys 和 MIPs-TP5 均在 578cm^{-1} 处有特征吸收峰,对应于 Fe_3O_4 中 Fe—O 伸缩振动。与 Fe_3O_4 相比,Fe_3O_4@KH-570 的谱图中,在 1719cm^{-1} 处有明显的 C=O 特征吸收峰,这表明通过接枝聚合反应,Fe_3O_4 表面成功引入了带有羧基的硅烷偶联剂 KH-570。在 FIMMs-Arg、FIMMs-Lys 和 MIPs-TP5 的谱图中,烯烃的亚甲基吸收峰减弱,烷烃的亚甲基在 1427cm^{-1} 处的吸收峰明显,这是由于在聚合的过程中,KH-570 中的双键与功能单体和交联剂进行聚合,这个过程中双键的 sp^2 杂化转变为 sp^3 杂化。同时在上述三种聚合物结构中,羧基的吸收峰也都明显减弱,可能是其表面的聚合物层导致的。在

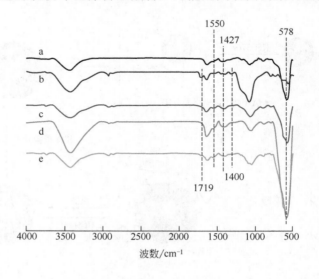

图 6-2

磁性核壳表面分子印迹纳米微球的傅里叶红外光谱图
a—Fe_3O_4; b—Fe_3O_4@KH-570; c—FIMMs-Arg; d—FIMMs-Lys; e—MIPs-TP5

FIMMs-Arg、FIMMs-Lys 和 MIPs-TP5 的谱图中，1550cm^{-1}处是仲酰胺分子中 C—N—H 变角振动与 C—N 伸缩振动发生耦合作用形成的酰胺 II 吸收峰[14]。

6.3.2 表面元素

X 射线光电子能谱仪是表征聚合物表面元素组成及化学状态的重要设备。为了进一步表征所制备的磁性核壳表面分子印迹纳米微球的分子结构，使用 X 射线光电子能谱仪分别对 Fe$_3$O$_4$@KH-570、FIMMs-Arg 和 FIMMs-Lys 进行了表面元素分析。如图 6-3 所示，在 FIMMs-Arg 和 FIMMs-Lys 的谱线中出现结合能为 710.9eV 的 Fe 2p 峰，283.2eV 的 C 1s 峰，399.8eV 的 N 1s 峰，527.8eV 的 O 1s 峰，说明 FIMMs-Arg 和 FIMMs-Lys 表面存在 Fe、C、O、N 四种元素，但 Fe$_3$O$_4$@KH-570 表面只有 Fe、C、O 三种元素。如表 6-1 所示，与 Fe$_3$O$_4$@KH-570 相比，FIMMs-Arg 和 FIMMs-Lys 中 N 含量分别增加到 2.31% 和 2.18%，由文献[15]可知，FIMMs-Arg 和 FIMMs-Lys 的聚合物层中含有 N,N'-亚甲基双丙烯酰胺。

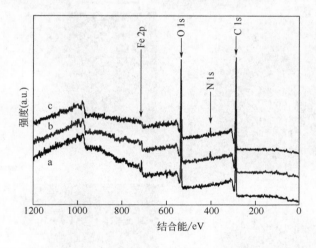

图 6-3

X 射线光电子能谱图
a—Fe$_3$O$_4$@KH-570；b—FIMMs-Arg；c—FIMMs-Lys

表 6-1 X 射线光电子能谱宽扫谱图中纳米微球的元素组成及浓度

纳米微球	元素组成及浓度/%			
	Fe	C	O	N
Fe$_3$O$_4$@KH-570	1.14	73.56	25.12	0
FIMMs-Arg	0.34	75.76	23.09	2.31
FIMMs-Lys	0.75	79.05	20.20	2.18

6.3.3 表面形貌

采用扫描电子显微镜和透射电子显微镜对 Fe_3O_4、FIMMs-Arg 和 FIMMs-Lys 进行微观形貌研究。如图 6-4（a）和（b）所示，Fe_3O_4 外貌近似球形，分散性较好，粒径较均一且直径约为 450nm。如图 6-4（c）和（d）所示，FIMMs-Arg 和

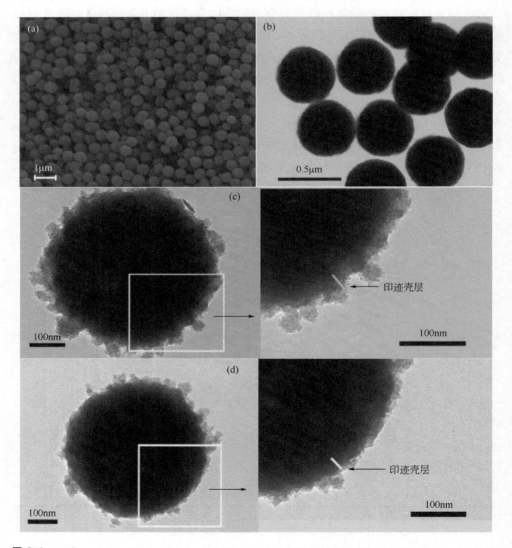

图 6-4

纳米微球的微观形貌
（a）Fe_3O_4 的扫描电镜图；（b）Fe_3O_4 的透射电镜图；（c）FIMMs-Arg 的透射电镜图；（d）FIMMs-Lys 的透射电镜图

FIMMs-Lys 的微观形貌与 Fe_3O_4 的基本相似，但 FIMMs-Arg 和 FIMMs-Lys 表面有聚合物层，粒径比 Fe_3O_4 大，聚合物层的厚度约为 20nm。由于磁性核壳表面分子印迹纳米微球选择性识别的是胸腺五肽，所以较薄的印迹层有利于识别吸附过程中的传质，可以减小吸附过程中的传质阻力，较快达到吸附-解吸平衡。

6.3.4　磁性能

将具有超顺磁性的 Fe_3O_4 作为载体进行分子印迹，在外电场的作用下，不仅有利于模板分子的洗脱，还有利于目标物质的快速分离和识别。采用振动样品磁强计对制备得到的 Fe_3O_4、Fe_3O_4@KH-570、FIMMs-Arg 和 FIMMs-Lys 磁性微球的磁性能进行表征。如图 6-5 所示，Fe_3O_4、Fe_3O_4@KH-570、FIMMs-Arg 和 FIMMs-Lys 磁性微球的磁滞回线均为 S 形，矫顽力为零，呈现出超顺磁性，使得 FIMMs-Arg 和 FIMMs-Lys 不易团聚且在外加磁场撤离后能够迅速再分散。Fe_3O_4 和 Fe_3O_4@KH-570 微球的饱和磁化强度分别为 95.0emu $\cdot$ g^{-1} 和 81.0emu $\cdot$ g^{-1}，Fe_3O_4@KH-570 饱和磁化强度的降低是 KH-570 聚合到 Fe_3O_4 表面的屏蔽效应所导致的。与未修饰的 Fe_3O_4 磁性微球相比，由于印迹层的屏蔽效应，FIMMs-Arg 和 FIMMs-Lys 的饱和磁化强度均下降到 71.0emu $\cdot$ g^{-1}。虽然片段磁性核壳表面分子印迹纳米微球的饱和磁化强度有所下降，但它对外加磁场具有足够强的响应性，使得该片段磁性核壳表面分子印迹纳米微球在混合物中选择性识别胸腺五肽后迅速分离。

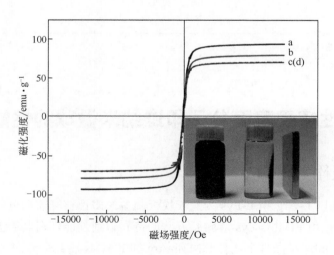

图 6-5

纳米微球的磁滞回线
a—Fe_3O_4；b—Fe_3O_4@KH-570；c—FIMMs-Arg；d—FIMMs-Lys
1Oe = 79.58A/m

6.3.5 热稳定性

热稳定性是纳米材料的一个重要性质。采用热重分析仪对 FIMMs-Arg 和 FIMMs-Lys 的热稳定性进行研究。如图 6-6 所示，各磁性微球的热重曲线在 20～800℃的温度范围内包含三个质量变化的阶段。100℃之前质量的微小变化是由微量水分子的失重引起的。当温度升高到 570℃时，FIMMs-Arg 和 FIMMs-Lys 均出现了失重现象，说明聚合物出现了部分分解的现象。当温度达到 690°C 时，聚合物完全分解，说明 FIMMs-Arg 和 FIMMs-Lys 具有良好的热稳定性。

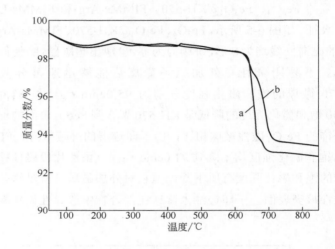

图 6-6

纳米微球的热重曲线
a—FIMMs-Arg；b—FIMMs-Lys

6.4 磁性核壳表面分子印迹纳米微球的性能

6.4.1 吸附等温线

为了研究以 L-Arg 和 L-Lys 为片段模板制备的磁性核壳表面分子印迹纳米微球 FIMMs-Arg 和 FIMMs-Lys 对胸腺五肽的特异识别性能，在胸腺五肽的浓度为 0.05～0.5mg·mL^{-1} 的条件下，对 FIMMs-Arg 和 FIMMs-Lys 进行了等温吸附研究。如图 6-7 所示，由不同模板分子制备的印迹和非印迹纳米微球对胸腺五肽的吸附量均随着胸腺五肽浓度的增大而增大。FIMMs-Arg、FIMMs-Lys 和 NIMMs 在初始阶段对胸腺五肽的吸附量急剧增加。随着胸腺五肽浓度继续增大，FIMMs-Arg、

FIMMs-Lys 和 NIMMs 对胸腺五肽的吸附量增加的速度减缓。当胸腺五肽的浓度超过 0.4mg·mL^{-1} 后，各纳米微球对胸腺五肽的吸附量基本趋于饱和。此时，FIMMs-Arg、FIMMs-Lys 和 NIMMs 对胸腺五肽的饱和吸附量分别约为 12.7mg·g^{-1}、8.4mg·g^{-1} 和 6.2mg·g^{-1}。相比 NIMMs，FIMMs-Arg 和 FIMMs-Lys 对胸腺五肽具有较高的饱和吸附量，原因可能是在 FIMMs-Arg 和 FIMMs-Lys 的制备过程中加入了模板分子 L-Arg 和 L-Lys。在 pH=7.0 的磷酸缓冲溶液体系中制备 FIMMs-Arg 和 FIMMs-Lys 时，L-Arg 和 L-Lys 带正电荷，与甲基丙烯酸的羧基产生氢键和静电作用。在识别胸腺五肽的体系中，带有羧基的印迹孔穴吸引带有相反电荷的胸腺五肽，诱导胸腺五肽快速到达与其相匹配的印迹孔穴和印迹位点。NIMMs 在制备的过程中未加入模板分子，功能单体甲基丙烯酸随机分布，在对胸腺五肽进行吸附时，只有非特异吸附，NIMMs 中没有相应的印迹位点和印迹孔穴。FIMMs-Arg 和 FIMMs-Lys 的饱和吸附量比 NIMMs 高，可能是印迹效果导致的。

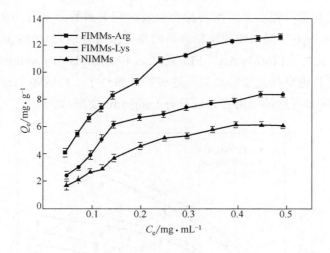

图 6-7

FIMMs-Arg、FIMMs-Lys 和 NIMMs 对胸腺五肽的吸附等温线
Q_e—吸附量；C_e—浓度

目前已有多种模型被应用于描述吸附材料的静态吸附行为以及分析材料的表面物性，其中，Langmuir 和 Freundlich 这两组等温吸附方程由于形式简单、参数少且容易确定而被广泛应用。因此，采用 Langmuir 和 Freundlich 模型对胸腺五肽在 FIMMs-Arg 和 FIMMs-Lys 上的吸附行为进行研究。

Langmuir 模型是在气固吸附研究的基础上，基于四点假设提出的理想单分子吸附模型，这些假设包括分子只在固体表面的固定位点吸附，吸附分子之间没有相互作用力，吸附分子在固体表面形成单分子层以及所有吸附位点的能量相同。

Langmuir 单分子层吸附模型方程如下所示[16]

$$Q_0 = \frac{K_L Q_m C_0}{1 + K_L C_0}$$

式中，C_0 为吸附溶液中胸腺五肽的浓度，$mg \cdot mL^{-1}$；Q_0 为吸附容量，$mg \cdot g^{-1}$；K_L 为吸附分配系数，$mL \cdot mg^{-1}$；Q_m 为最大吸附容量，$mg \cdot g^{-1}$。

Freundlich 模型与 Langmuir 模型最大的不同在于，Freundlich 方程为经验方程，其描述的是在吸附材料的表面存在能量分布不均匀的吸附位点，方程如下所示[17]

$$Q_0 = K_F C_0^{1/n}$$

式中，K_F 为最大吸附容量，$mg \cdot g^{-1}$；n 为吸附强度（常数）。

FIMMs-Arg 和 FIMMs-Lys 的 Langmuir 和非线性 Freundlich 等温方程及相关参数如图 6-8 和表 6-2 所示。用 Langmuir 模型对 FIMMs-Arg、FIMMs-Lys 和 NIMMs 的等温吸附过程进行拟合后，所得拟合曲线的相关系数分别为 0.996、0.927 和 0.901，由 Freundlich 等温吸附模型拟合后的相关系数分别为 0.989、0.912 和 0.799，均低于前者。此外，FIMMs-Arg、FIMMs-Lys 和 NIMMs 的 Langmuir 模型拟合的理论饱和吸附量也更接近实验数据，这说明该条件下，FIMMs-Arg、FIMMs-Lys 和 NIMMs 对胸腺五肽的吸附行为较符合 Langmuir 模型。以小分子 L-Arg 和 L-Lys

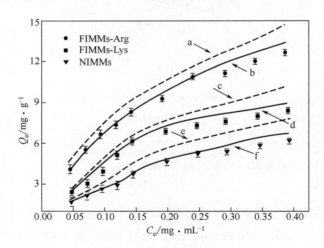

图 6-8

FIMMs-Arg、FIMMs-Lys 和 NIMMs 在 25℃时吸附胸腺五肽的非线性 Langmuir 和 Freundlich 等温吸附线
a—FIMMs-Arg 的 Freundlich 拟合曲线；b—FIMMs-Arg 的 Langmuir 拟合曲线；c—FIMMs-Lys 的 Freundlich 拟合曲线；d—FIMMs-Lys 的 Langmuir 拟合曲线；e—NIMMs 的 Freundlich 拟合曲线；f—NIMMs 的 Langmuir 拟合曲线

表 6-2　胸腺五肽在 FIMMs-Arg、FIMMs-Lys 和 NIMMs 上吸附的 Langmuir 与 Freundlich 等温吸附方程的拟合参数

纳米微球	胸腺五肽		人体免疫六肽		
	吸附量/mg·g^{-1}	印迹因子	吸附量/mg·g^{-1}	印迹因子	识别因子
FIMMs-Arg	12.7	2.05	6.8	1.33	1.54
FIMMs-Lys	8.4	1.35	6.5	1.27	1.06
MIPs-TP5	18.7	3.02	7.9	1.55	1.95
NIMMs	6.2		5.1	—	—

为模板分子，甲基丙烯酸为功能单体制备的 FIMMs-Arg、FIMMs-Lys 吸附胸腺五肽，从空间位阻的角度和体系中胸腺五肽的带电情况来看，胸腺五肽也可能以单分子层的形式吸附于磁性微球表面。

6.4.2　吸附动力学

吸附动力学用于研究分子印迹材料对目标分离物快速响应的能力，通常采用吸附动力学曲线进行表征，该曲线反映了等温条件下分子印迹材料达到平衡所需的时间和吸附速率的情况。如图 6-9 所示，在 2h 内，FIMMs-Arg 和 FIMMs-Lys 对胸腺五肽的吸附速率的增长明显快于 NIMMs，分别达到平衡吸附量的 91.6%和 82.5%。在 120min 以后，FIMMs-Arg 和 FIMMs-Lys 对胸腺五肽的吸附速率的增大逐渐变缓，此时 NIMMs 对胸腺五肽的吸附基本趋于饱和。在 4h 后，FIMMs-Arg 和 FIMMs-Lys 对胸腺五肽的吸附量基本达到了饱和，分别为 12.7mg·g^{-1} 和

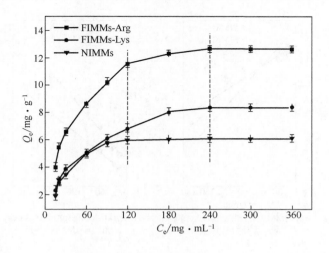

图 6-9

FIMMs-Arg、FIMMs-Lys 和 NIMMs 在 25℃时的吸附动力学曲线

$8.4\text{mg} \cdot \text{g}^{-1}$。由此可见，NIMMs 对胸腺五肽的吸附可以很快达到平衡，这很有可能是在制备 NIMMs 的过程中未加入模板分子，未形成与目标识别物相匹配的印迹位点，对胸腺五肽的吸附只是在表面的物理吸附，所以吸附量低并且快速达到吸附平衡。而对于 FIMMs-Arg 和 FIMMs-Lys，在最初的 1h，胸腺五肽到达与其相匹配的印迹位点，由于印迹分子是小分子氨基酸，而识别的是母体分子胸腺五肽，可能使传质过程具有一定的阻力，达到吸附平衡的时间比 NIMMs 长，但饱和吸附量较高。

为了研究吸附过程的控制机制，对吸附动力学研究中获得的数据进行模拟。吸附动力学模型包括准一级动力学模型和准二级动力学模型，准一级动力学模型表示吸附过程以物理吸附为主[18]，准二级动力学模型表示吸附过程以化学吸附为主[19,20]。

$$\ln(Q_0 - Q_t) = \ln Q_0 - K_1 t$$

$$\frac{t}{Q_t} = \frac{1}{K_2 Q_0^2} + \frac{t}{Q_0}$$

式中，Q_0 为吸附液浓度为 C_0 时的吸附量，$\text{mg} \cdot \text{g}^{-1}$；$Q_t$ 为 t 时刻的吸附量，$\text{mg} \cdot \text{g}^{-1}$；$K_1$ 为准一级动力学方程吸附速率常数，min^{-1}；K_2 为准二级动力学方程吸附速率常数，$\text{g} \cdot \text{μg}^{-1} \cdot \text{min}^{-1}$。

如图 6-10（a）所示，以 t 为横坐标，$\ln(Q_0 - Q_t)$ 为纵坐标，得到 FIMMs-Arg 和 FIMMs-Lys 的准一级动力学模型的拟合曲线。如图 6-10（b）所示，以 t 为横坐标，t/Q_t 为纵坐标得到 FIMMs-Arg 和 FIMMs-Lys 的准二级动力学模型的拟合曲线。根据图 6-10 可得到 FIMMs-Arg 和 FIMMs-Lys 的准一级和准二级动力学拟合曲线的斜率和截距。由表 6-3 可知，FIMMs-Arg 和 FIMMs-Lys 的准二级动力学模型拟

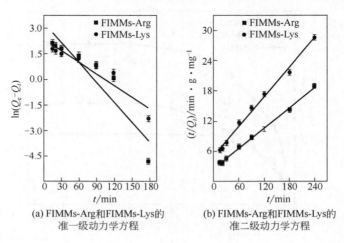

(a) FIMMs-Arg和FIMMs-Lys的
准一级动力学方程

(b) FIMMs-Arg和FIMMs-Lys的
准二级动力学方程

图 6-10

动力学方程

表 6-3　FIMMs-Arg 和 FIMMs-Lys 在 25℃时的准一级和准二级动力学方程的参数

纳米微球	实际吸附量 /mg・g⁻¹	准一级动力学			准二级动力学		
		理论吸附量 /mg・g⁻¹	K_1 /min⁻¹	相关系数	理论吸附量 /mg・g⁻¹	K_2 /g・μg⁻¹・min⁻¹	相关系数
FIMMs-Arg	12.7	27.2	0.0395	0.830	14.9	1.8	0.997
FIMMs-Lys	8.4	10.3	0.0222	0.879	10.3	1.8	0.992
NIMMs	6.2	7.6	0.0155	0.993	7.02	5.4	0.992

合的相关系数均比准一级动力学模型拟合的相关系数高，分别达到了 0.997 和 0.992，说明 FIMMs-Arg 和 FIMMs-Lys 对胸腺五肽的吸附较好地符合准二级动力学模型，即胸腺五肽在 FIMMs-Arg 和 FIMMs-Lys 上的吸附总体上属于化学吸附。而 NIMMs 较符合准一级动力学，说明胸腺五肽在 NIMMs 上的吸附主要以物理吸附为主。

6.4.3　选择识别性能

为了进一步研究 FIMMs-Arg 和 FIMMs-Lys 对胸腺五肽的特异识别性能，采用静态吸附法分别测定 FIMMs-Arg、FIMMs-Lys、NIMMs-Arg 和 NIMMs-Lys 对胸腺五肽及其结构类似物人体免疫六肽的吸附量。如图 3-12 所示，人体免疫六肽结构中的两个氨基酸和胸腺五肽中的相同。

为了进一步说明以片段作为模板制备的印迹聚合物对目标物识别分离的可行性，在同等条件下制备了以胸腺五肽为模板的磁性核壳表面分子印迹纳米微球，进行选择性吸附研究，计算得出印迹因子和识别因子。由表 6-4 可以看出，在吸附条件相同的情况下，以 L-Arg 为片段模板的磁性微球的吸附量与以胸腺五肽为模板的印迹聚合物相比相差不大，分别为 18.72mg・g⁻¹ 和 12.7mg・g⁻¹，并且 FIMMs-Arg、FIMMs-Lys 和 MIPs-TP5 对胸腺五肽的吸附量和印迹因子均高于对结构类似物人体免疫六肽的吸附量和印迹因子，识别因子分别达到了 1.95、1.54 和 1.06。上述结论说明，以 L-Arg 为模板分子、以甲基丙烯酸为功能单体制备的 FIMMs-Arg 通过与目标识别物胸腺五肽形成多种相互作用，对胸腺五肽具有良好的特异性识别能力，说明了以目标物的部分特征片段作为模板制备片段印迹聚合物来识别整个目标物的思路具有一定的可行性。

表 6-4　FIMMs-Arg、FIMMs-Lys 和 MIPs-TP5 对胸腺五肽和人体免疫六肽的印迹和识别因子

吸附量/mg・g⁻¹	胸腺五肽	识别因子	人体免疫六肽	印迹因子	识别因子
FIMMs-Arg	12.7	2.05	6.8	1.33	1.54
FIMMs-Lys	8.4	1.35	6.5	1.27	1.06
MIPs-TP5	18.72	3.02	7.9	1.55	1.95
NIMMs	6.2		5.1	—	—

6.4.4 体系 pH 值影响

吸附介质的 pH 值在吸附过程中起着至关重要的作用[21,22]。因此，在胸腺五肽浓度为 0.4mg·mL^{-1} 和 pH 值为 3.0～9.0 时测试 pH 对 FIMMs-Arg 和 FIMMs-Lys 吸附胸腺五肽的吸附量的影响。如图 6-11 所示，随着吸附体系 pH 值的逐渐升高，FIMMs-Arg 和 FIMMs-Lys 对胸腺五肽的吸附量首先分别增加到 12.7mg·g^{-1} 和 8.4mg·g^{-1}，接着又降低到 8.3mg·g^{-1} 和 4.6mg·g^{-1}，这一现象说明，pH 值的大小对胸腺五肽在 FIMMs-Arg 和 FIMMs-Lys 上的识别吸附情况具有较大的影响。由于胸腺五肽的等电点是 8.93，当体系的 pH 值小于胸腺五肽的等电点时，胸腺五肽呈正电性，并且弱的聚甲基丙烯酸的 pK_a 约为 6～7，聚甲基丙烯酸的羧基有不同程度的电离，这导致聚甲基丙烯酸在不同的 pH 值的体系中带有不同数量的负电荷[23]。当体系的 pH 值高于 pK_a 值时，聚甲基丙烯酸呈负电性[24]。因此，当体系的 pH 值在大于或等于 7.0，小于 8.93 的范围内时，磁性核壳表面分子印迹纳米微球上排布的功能基团和胸腺五肽之间有较强的静电作用。相反，当体系的 pH 值低于 6.0 时，由于聚甲基丙烯酸电离程度低，导致制备的磁性核壳表面分子印迹纳米微球与胸腺五肽之间的静电作用较弱，易于模板分子的洗脱。由此可见，静电作用在吸附的过程中起主导作用。在 pH 值低于 7.0 时，随着 pH 值增大，磁性核壳表面分子印迹纳米微球对胸腺五肽的吸附量也随之增加。但当 pH 值高于 9.0 时，磁性核壳表面分子印迹纳米微球对胸腺五肽的吸附量下降。

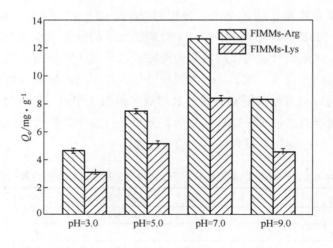

图 6-11

pH 值对 FIMMs-Arg 和 FIMMs-Lys 的吸附性能的影响

6.4.5　再生识别性能

分子印迹材料作为一种能够精确识别分离目标物的材料，不仅要具有良好的识别和结合性能，而且还应具有很好的再生性能，以保证其性能的稳定性和长效性。此外，分子印迹材料的再生性能的优劣也是其是否可实现工业化应用的重要考察因素。因此，分子印迹材料对目标分离物的再生性能是其性能研究中的一项重要内容。如图 6-12 所示，随着使用次数的增多，FIMMs-Arg、FIMMs-Lys 和 MIPs-TP5 对胸腺五肽的吸附量都逐渐下降。在第 5 次循环后，FIMMs-Arg、FIMMs-Lys 和 MIPs-TP5 对胸腺五肽的吸附量分别下降至 $10.8mg \cdot g^{-1}$、$7.0mg \cdot g^{-1}$ 和 $9.8mg \cdot g^{-1}$，分别为首次吸附量的 85.3%、82.9% 和 52.4%，循环次数对 MIPs-TP5 的吸附性能影响较大。造成这种现象的原因可能是多次吸附易造成越来越多的胸腺五肽沉积在 MIPs-TP5 的印迹孔穴和内部，不能被完全洗脱，导致有效的吸附位点减少。还可能是在吸附-解吸的过程中一些作用位点的官能团分布以及它的形状发生了变化，导致有效印迹位点减少，从而使得 MIPs-TP5 吸附量下降较大。上述结果表明，片段印迹有利于模板分子的彻底去除，可有效降低印迹材料性能的衰减。

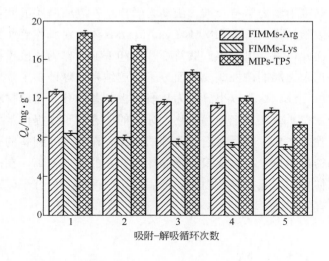

图 6-12

FIMMs-Arg、FIMMs-Lys 和 MIPs-TP5 的再生识别性能

6.5　选择性识别性能对比

FIMMs-Arg 对胸腺五肽的饱和吸附量以及吸附速率都优于 FIMMs-Lys，表明

FIMMs-Arg 对胸腺五肽比 FIMMs-Lys 对胸腺五肽具有更强的识别能力。L-Arg 有一个羧基、一个胍基以及一个氨基，胍基具有形成多重氢键的作用，而 L-Lys 有一个羧基和两个氨基。因此，在 pH 值为 7.0 的体系中，等电点为 10.8 的 L-Arg 作为模板比等电点为 9.7 的 L-Lys 形成更多的印迹位点。此外，L-Arg 是胸腺五肽的一个端基，它的结构中只有一个羧基形成了肽键，而 L-Lys 中的羧基和其中一个氨基都形成了肽键。所以，FIMMs-Arg 在吸附胸腺五肽的过程中比 FIMMs-Lys 有更多的有效识别位点。FIMMs-Arg 和 FIMMs-Lys 对胸腺五肽的印迹因子分别为 2.05 和 1.35，说明了 FIMMs-Arg 对胸腺五肽有更好的识别能力，这也说明了在片段印迹中，被选作模板分子的部分结构和性质对目标物的识别非常重要。目标物的特征片段，比如端基或侧链常被选作模板分子制备印迹聚合物，同时在印迹聚合物制备和再识别的过程中，有效活性位点的个数也是需要考虑的一个重要因素。

磁性核壳表面分子印迹纳米微球的印迹层较薄，传质阻力较小，有利于洗脱和识别过程中的分子传质，其磁饱和强度较高，在磁场作用下可以快速地实现印迹微球与溶液的分离。溶液的 pH 值对 FIMMs-Arg 和 FIMMs-Lys 的吸附量有明显的影响，随着 pH 值的增大，FIMMs-Arg 和 FIMMs-Lys 对胸腺五肽的吸附量呈现先增大后减小的趋势。FIMMs-Arg 和 FIMMs-Lys 对胸腺五肽的吸附可以看作是单分子层吸附，其吸附动力学符合准二级动力学模型，表明胸腺五肽在二者上的吸附主要是化学吸附过程。相比 FIMMs-Lys，FIMMs-Arg 对胸腺五肽具有更高的特异选择性能。由此可见，以胸腺五肽特征片段和 L-Lys 作为片段模板制备对胸腺五肽具有良好识别性能的磁性核壳表面分子印迹纳米微球证实了片段印迹与大分子识别方法的可行性。这为以小分子为片段模板制备的分子印迹材料，实现对结构复杂多变的蛋白质或病菌细胞等生物大分子的印迹与识别提供重要的研究基础与理论依据。除此之外，将具有超顺磁性的 Fe_3O_4 作为基球制备的分子印迹磁性微球，在磁场的作用下，可实现聚合物微球与体系的快速分离，在磁场撤离后又可重新分散在体系中，无剩磁及因剩磁产生的团聚现象，为分子印迹纳米微球的快速分离提供有效方法。

参考文献

[1] Wolman F J, Smolko E E, Cascone O, et al. Peptide imprinted polymer synthesized by radiation-induced graft polymerization [J]. Reactive and Functional Polymers, 2006, 66(11): 1199-1205.

[2] Rachkov A, Minoura N, Shimizu T. Peptide separation using molecularly imprinted polymer prepared by epitope approach [J]. Analytical Sciences/Supplements, 2002, 17: i609-i612.

[3] Tan C J, Tong Y W. The effect of protein structural conformation on nanoparticle molecular

imprinting of ribonuclease a using miniemulsion polymerization [J]. Langmuir, 2007, 23: 2722-2730.

[4] Moczko E, Guerreiro A, Piletska E, et al. PEG-stabilized core-shell surface-imprinted nanoparticles [J]. Langmuir, 2013, 29(31): 9891-9896.

[5] Zheng R, Cameron B D. Surface plasmon resonance: Recent progress toward the development of portable real-time blood diagnostics [J]. Expert Review of Molecular Diagnostics, 2012, 12(1): 5-7.

[6] Kubo T, Nomachi M, Nemoto K, et al. Chromatographic separation for domoic acid using a fragment imprinted polymer [J]. Analytica Chimica Acta, 2006, 577: 1-7.

[7] Kubo T. Development and applications of fragment imprinting technique [J]. Chromatogr, 2008, 29: 9-17.

[8] Hoshino Y, Lee H, Miura Y. Interaction between synthetic particles and biomacromolecules: Fundamental study of nonspecific interaction and design of nanoparticles that recognize target molecules [J]. Polymer Journal, 2014, 46: 537-545.

[9] Rachkov A, Minoura N. Recognition of oxytocin and oxytocin-related peptides in aqueous media using a molecularly imprinted polymer synthesized by the epitope approach [J]. Journal of Chromatography A, 2000, 889: 111-118.

[10] Rachkov A, Minoura N. Towards molecularly imprinted polymers selective to peptides and proteins. The epitope approach [J]. Biochim Biophys Acta, 2001, 1544: 255-266.

[11] Kubo T, Hosoya K, WatabeY, et al. Polymer-based adsorption medium prepared using a fragment imprinting technique for homologues of chlorinated bisphenol A produced in the environment [J]. Journal of Chromatography A, 2004, 1029(1-2): 37-41.

[12] Liu B, Zhang D W, Wang C, et al. Multilayer magnetic composite particles with functional polymer brushes as stabilizers for gold nanocolloids and their recyclable catalysis [J]. Phys Chem C, 2013, 117: 6363-6372.

[13] Zhu S, Gan N, Pan D, et al. Extraction of tributyltin by magnetic molecularly imprinted polymers [J]. Microchimica Acta, 2013, 180(7-8): 545-553.

[14] Kubelka J, Keiderling T A. Ab initio calculation of amide carbonyl stretch vibrational frequencies in with modified basis sets 1 N-methyl acetamide [J]. J Phys Chem A, 2001, 105: 10922-10928.

[15] Barr T L. An ESCA study of the termination of the passivation of elemental metals [J]. J Phys Chem, 1978, 82: 1801-1810.

[16] Pan J, Yao H, Guan W. Selective adsorption of 2,6-dichlorophenol by surface imprinted polymers using polyaniline/silica gel composites as functional support: Equilibrium, kinetics, thermodynamics modeling [J]. Chem Eng J, 2011, 172: 847-855.

[17] Li Q, Yue Q Y, Su Y, et al. Equilibrium, thermodynamics and process design to minimize adsorbent amount for the adsorption of acid dyes onto cationic polymer-loaded bentonite [J]. J Chem Eng J, 2010, 158(3): 489-497.

[18] Ho Y S, McKay G. The sorption of lead (II) ions on peat [J]. Water Res, 1999, 33: 578-584.

[19] Baydemir G, Andac M, Bereli N, et al. Selective removal of bilirubin from human plasma with bilirubin-imprinted particles [J]. Ind Eng Chem Res, 2007, 46: 2843-2852.

[20] Ho Y S, McKay G. Pseudo-second order model for sorption processes [J]. Process Biochem, 1999, 34: 451-465.

[21] Marchese J, Campderros M, Acosta A. Transport and separation of cobalt, nickel and copper ions with alamine liquid membranes [J]. J Chem Technol Biot, 1995, 64: 293–297.

[22] Denizli A, Salih B, Pişkin E. New sorbents for removal of heavy metal ions: Diamine-glow–discharge treated polyhydroxyethylmethacrylate microspheres [J]. J Chromatogr A, 1997, 773: 169–178.

[23] Guo C, Hu F, Li C M, Shen P K. Direct electrochemistry of hemoglobin on carbonized titania nanotubes and its application in a sensitive reagentless hydrogen peroxide biosensor [J]. Biosens Bioelectron, 2008, 24: 819–824.

[24] Yun Y H, Shon H K, Yoon S D. Preparation and characterization of molecularly imprinted polymers for the selective separation of 2,4–dichlorophenoxyacetic acid [J]. J Mater Sci, 2009, 44: 6206–6211.

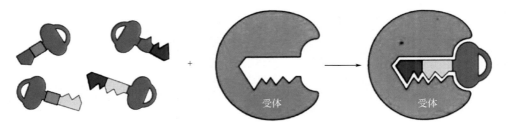

图 1-2 分子印迹的"锁匙"原理示意图

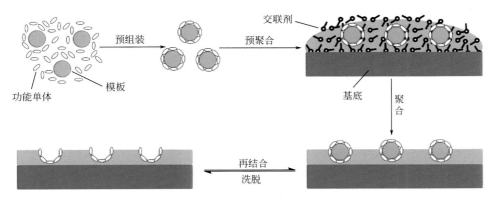

图 1-4 表面分子印迹过程及印迹机理示意图

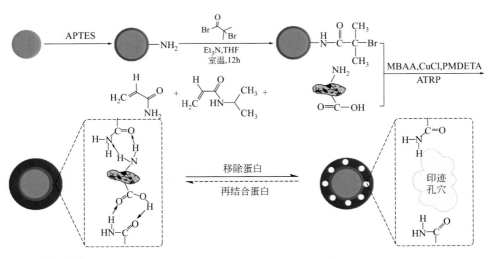

图 1-5 采用原子转移自由基聚合法制备超顺磁性表面分子印迹微球的原理

APTES—3-氨丙基三乙氧基硅烷；MBA—*N,N*′-亚甲基双丙烯酰胺；PMDETA—五甲基二乙烯三胺；
ATRP—原子转移自由基聚合法

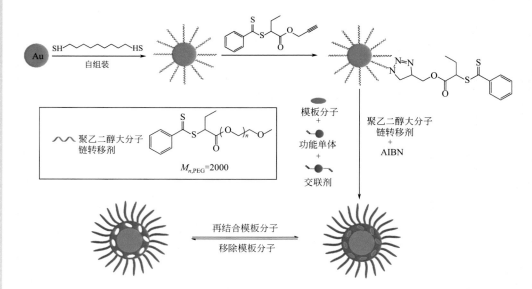

图 1-6　RAFT 沉淀聚合法制备表面分子印迹微球

AIBN—偶氮二异丁腈

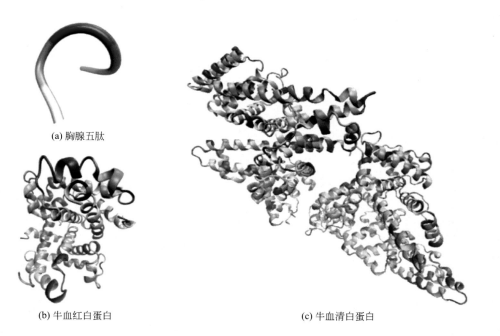

(a) 胸腺五肽

(b) 牛血红白蛋白

(c) 牛血清白蛋白

图 2-16　生物分子的三维空间结构尺寸

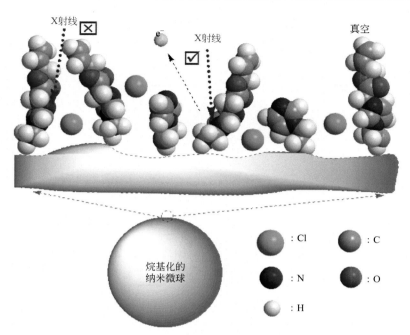

: Cl   : C

: N   : O

: H

图 3-5   离子液体功能化的纳米微球表面结构示意图

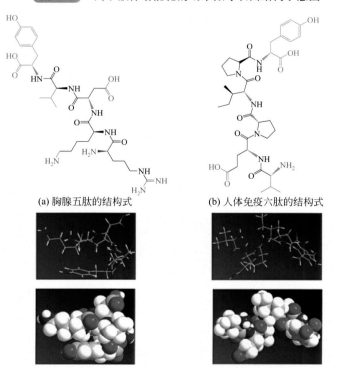

(a) 胸腺五肽的结构式   (b) 人体免疫六肽的结构式

(c) 优化后的胸腺五肽的最稳定构型   (d) 优化后的人体免疫六肽的最稳定构型

图 3-12   模板分子与竞争分子

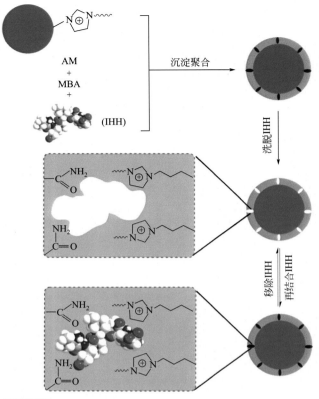

图 4-2 树莓型核壳表面分子印迹纳米微球的制备示意图

AM—丙烯酰胺；MBA—N,N'-亚甲基双丙烯酰胺；IHH—人体免疫六肽

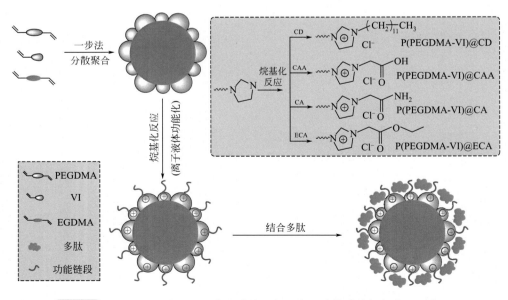

图 4-3 P(PEGDMA-VI) 纳米微球的制备、离子液体功能化与应用示意图